U0225902

一图一算之电气设备安装工程造价

第 2 版

张国栋　主编

机械工业出版社

本书主要内容包括变压器及配电装置安装、母线、控制设备及低压电器安装、电机、电缆及滑触线装置安装、防雷及接地装置、10kV 以下架空配电线路安装等。本书按照《建设工程工程量清单计价规范（GB 50500—2013）》和《通用安装工程工程量计算规范（GB 50856—2013）》中"安装工程工程量清单项目及计算规则"，以规则—图形—算量的方式，对电气设备安装工程各分项工程的工程量计算方法作了较详细的解答说明。

本书可供电气设备安装工程造价人员参考使用，也可供高职高专院校教学参考使用。

图书在版编目（CIP）数据

一图一算之电气设备安装工程造价/张国栋主编 . —2 版 . —北京:机械工业出版社,2013. 12(2020. 5 重印)
ISBN 978 - 7 - 111 - 44941 - 6

Ⅰ.①—… Ⅱ.①张… Ⅲ.①电气设备—建筑安装工程—工程造价
Ⅳ.①TU723. 3

中国版本图书馆 CIP 数据核字（2013）第 283135 号

机械工业出版社(北京市百万庄大街22 号　邮政编码100037)
策划编辑：汤　攀　责任编辑：汤　攀
封面设计：张　静　责任印制：常天培
北京虎彩文化传播有限公司
2020 年5 月第2 版 · 第5 次印刷
184mm ×260mm · 6.5 印张 · 154 千字
标准书号：ISBN 978 - 7 - 111 - 44941 - 6
定价：29. 80 元

电话服务　　　　　　　网络服务
客服电话：010-88361066　机　工　官　网：www. cmpbook. com
　　　　　010-88379833　机　工　官　博：weibo. com/cmp1952
　　　　　010-68326294　金　书　网：www. golden-book. com
封底无防伪标均为盗版　机工教育服务网：www. cmpedu. com

编写人员名单

主　　编　张国栋

参　　编　赵小云　　洪　岩　　荆玲敏　　李　锦　　郭芳芳
　　　　　范胜男　　冯雪光　　周　凡　　马　波　　孔银红
　　　　　蔡利红　　李　雪　　张国选　　张慧芳　　王年春
　　　　　张志刚

前　言

为了帮助造价工作者进一步加深对国家最新颁布的《通用安装工程工程量计算规范》（GB 50856—2013）的了解和应用,快速提高造价工作者的实际操作水平,我们特组织编写了此书。

本书依据《通用安装工程工程量计算规范》（GB 50856—2013）和《全国统一安装工程预算定额》（GYD－202－2000）编写,采用规则—图形—算量的形式,以实例阐述各分项工程的工程量计算方法,同时对一些题中的疑难点加有"注",进一步解释说明,目的是帮助造价工作人员解决实际操作问题,提高工作效率。在每章的最后一节是关于该章清单工程量和定额工程量计算规则的汇总,汇总包括相似点和易错点,方便读者快速查阅学习。

本书与同类书相比,其显著特点是:

(1)新。即捕捉《通用安装工程工程量计算规范》的最新信息,对新规范出现的新情况、新问题加以分析,使实践工作者能及时了解新规范的最新动态,跟上实际操作步伐。

(2)精。即囊括了建筑工程里所有重要项目,以实例的形式系统地列举出来,加深对建筑工程工程量计算规则的理解。

(3)实际操作性强。即主要以实例说明实际操作中的有关问题及解决方法,便于提高读者的实际操作水平。

本书在编写过程中得到了许多同行的支持与帮助,在此表示感谢。由于编者水平有限和时间的限制,书中难免有错误和不妥之处,望广大读者批评指正。如有疑问,请登录 www. gclqd. com（工程量清单计价网）或 www. jbjsys. com（基本建设预算网）或 www. jbjszj. com（基本建设造价网）或 www. gczjy. com（工程造价员网校）或发邮件至 dlwhgs@ tom. com 与编者联系。

编　者

目　录

第1章　变压器及配电装置安装

1.1　总说明

本章主要介绍了消弧线圈、各种变压器、断路器、真空接触器、隔离开关、负荷开关、互感器、高压熔断器、避雷器、电抗器、电容器等工程项目的工程量计算。通过清单工程量计算规则和定额工程量计算规则的对照、清单工程量计算与定额工程量计算相对比,详细地解释了各分项工程工程量的计算方法。

工程量计算规则均以国家最新标准规范为依据,清单工程量计算规则的依据为《通用安装工程工程量计算规范》(GB 50856 - 2013);定额工程量计算规则以《全国统一安装工程预算定额》(GYD - 202 - 2000)为依据。

另外,为了方便读者学习,例题后面加有"注",对题中的重点、难点加以解释,本章的最后一节归纳汇总了清单工程量计算规则与定额工程量计算规则,方便读者学习记忆。

1.2　变压器及配电装置安装工程量

项目编码:030401003　　　项目名称:整流变压器
项目编码:030406001　　　项目名称:发电机
项目编码:030404017　　　项目名称:配电箱

【例1】　某新建工程为一个工厂的职工宿舍楼,该宿舍楼的配电是由临近的变电所提供的,另外在工厂内部还有一套供紧急停电情况下使用的发电系统,如图1-1所示。试求该配电工程所用仪器的工程量。

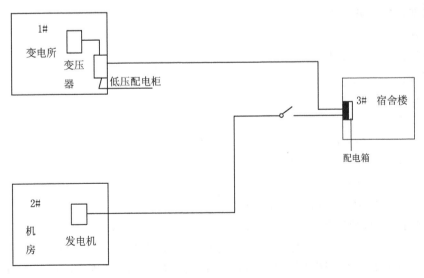

图 1-1　某宿舍楼的配电图

【解】　(1)基本工程量

由图 1-1 可以看出所用仪器的工程量为：

整流变压器 　　　1 台

低压配电柜 　　　1 台

发电机 　　　　　1 台

配电箱 　　　　　1 台

（2）清单工程量

清单工程量计算见表 1-1。

表 1-1　清单工程量计算表

序号	项目编码	项目名称	项目特征描述	计量单位	工程量
1	030401003	整流变压器	容量 100kV·A 以下	台	1
2	030406001	发电机	空冷式发电机,容量 1500kW 以下	台	1
3	030404017	配电箱	悬挂嵌入式,周长 2m	台	1
4	030404004	低压开关柜	重量 30kg 以下	台	1

（3）定额工程量

1）整流变压器

套用预算定额 2 - 8

①人工费：174.61 元/台

②材料费：111.75 元/台

③机械费：62.18 元/台

2）发电机

套用预算定额　2 - 427

①人工费：1235.77 元/台

②材料费：397.75 元/台

③机械费：1701.34 元/台

3）配电箱

套用预算定额　2 - 264

①人工费：41.80 元/台

②材料费：34.39 元/台

4）低压配电柜

套用预算定额　2 - 77

①人工费：8.13 元/个

②材料费：12.72 元/个

项目编码:030414009　项目名称:避雷器

项目编码:030409003　项目名称:避雷引下线

【例 2】　建筑物防雷接地工程图一般包括防雷工程图和接地工程图两部分。图 1-2 为某住宅建筑防雷平面图和立面图,图 1-3 为该住宅建筑的接地平面图,图纸附施工说明。

施工说明:

（1）避雷带、引下线均采用 -25 ×4 扁钢,镀锌或作防腐处理。

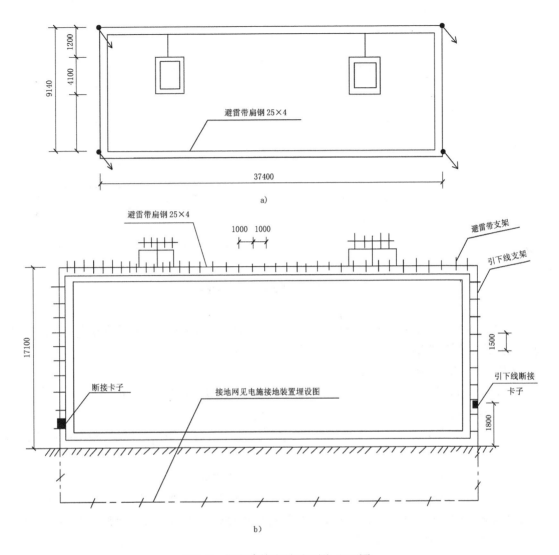

a)

b)

图 1-2　住宅建筑防雷平面图、立面图

a)平面图　b)北立面图

（2）引下线在地面上 1.7m 至地面下 0.3m 一段,用 ϕ50 硬塑料管保护。

（3）本工程采用 -25×4 扁钢作水平接地体、围建筑物一周埋设,其接地电阻不大于 10Ω。施工后达不到要求时,可增设接地极。

（4）施工采用国家标准图集 D562、D563,并应与土建密切配合。

【解】　（1）基本工程量

1）平屋面上的避雷带的长度为:

$(37.4+9.14)×2m+1.2×2m=95.48m$

（避雷带由平屋面上的避雷带和楼梯间屋面上的避雷带组成,楼梯间屋面上的避雷带沿其顶面敷设一周,并用 -25×4 的扁钢与屋面避雷带连接。）

【注释】　37.4 为建筑物的长度,9.14 为建筑物的宽度,1.2 为两个上人孔的避雷带长度,即两个上人孔的周长。

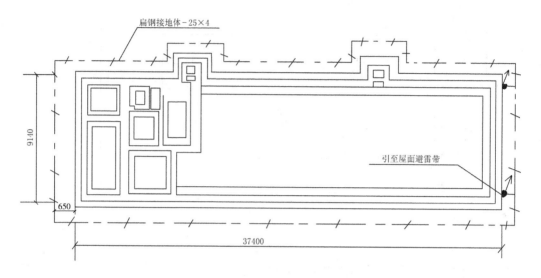

扁钢接地体-25×4

9140

650

37400

引至屋面避雷带

图 1-3 住宅建筑接地平面图

2)引下线

引下线共 4 根,分别沿建筑物四周敷设,在地面以上 1.8m 处用断接卡子与接地装置连接,故引下线的长度为:

$(17.1-1.8)\times4m=61.20m$

【注释】 17.1 为建筑物的高度,1.8 为断接卡子的高度,4 为引下线的个数。

3)接地装置

接地装置由水平接地体和接地线组成,水平接地体沿建筑物一周埋设,距基础中心线为 0.65m,故其长度为:

$[(37.4+0.65\times2)+(9.14+0.65\times2)]\times2m=98.28m$

【注释】 $(37.4+0.65\times2)$为接地装置的长度,其中 37.4 为建筑物的长度,0.65 为接地装置距基础中心线的距离,即接地装置两侧与建筑物的长度相比多出的距离;$(9.14+0.65\times2)$与接地装置的长度计算方法相同。

4)引下线的保护管

引下线的保护管采用硬塑断管制成,其长度为:

$(1.7+0.3)\times4m=8m$

【注释】 1.7 为引下线在地面以上的距离,0.3 为引下线在地面以下的距离,4 为引下线的个数。

5)避雷带和引下线的支架

安装避雷带用支架的数量,可根据避雷带的长度和支架间距按实际算出。

从建筑平面图上可以看出每隔 1m 安装一个支架,由于避雷带总长度为 95.48m,所以支架个数为:

$(95.48\div1)$个$=95.48$个≈96个

6)引下线支架的数量也采用与5)同样的计算方法

$(61.2\div1.5)$个$=40.8$个≈41个

【注释】 61.2 为引下线的长度,1.5 为引下线支架的间距。

（2）清单工程量

清单工程量计算见表1-2。

表1-2　清单工程量计算表

项目编码	项目名称	项目特征描述	计量单位	工程量
030414011001	接地装置	由水平接地体和接地线组成	项	1
030409003001	避雷引下线	避雷带、引下线均采用 −25 ×4 扁钢	m	61.2

（3）定额工程量

1）避雷带9.55（10m）　套用预算定额　2 − 748　①人工费：21.36 元/10m　②材料费：11.41 元/10m　③机械费：4.64 元/10m

2）引下线6.12（10m）　套用预算定额　2 − 745　①人工费：26.24 元/10m　②材料费：14.40 元/10m　③机械费：8.92 元/10m

3）接地装置9.83（10m）　套用预算定额　2 − 697　①人工费：70.82 元/10m　②材料费：1.77 元/10m　③机械费：1.43 元/10m

4）引下线保护管0.80（10m）　套用预算定额　2 − 1088　①人工费：192.03 元/100m　②材料费：75.45 元/100m　③机械费：29.43 元/100m

注：不包含主要材料费

5）避雷带支架96 个　套用预算定额　2 − 359　①人工费：163.00 元/100kg　②材料费：24.39 元/100kg　③机械费：25.44 元/100kg

6）引下线支架41 个　套用预算定额　2 − 359　①人工费：163.00 元/100kg　②材料费：24.39 元/100kg　③机械费：25.44 元/100kg

项目编码:030402017　项目名称:高压成套配电柜

【例3】　某工程设计图示的工程内容有动力配电箱二台,其中:一台挂墙安装、型号为XLX(箱高0.5m、宽0.4m、深0.2m),电源进线为VV22 − 1kV　4 ×25(G50),出线为BV − 5 ×10(G32),共三个回路;另一台落地安装,型号为XL(F) − 15(箱高1.7m、宽0.8m、深0.6m),电源进线为VV22 − 1kV4 ×95(G80),出线为BV − 5 ×16(G32),共四个回路。配电箱基础采用10#槽钢制作。试计算工程量,并列出工程量清单。

【解】　（1）基本工程量

1）基础槽钢制作、安装(10#)　(0.8 +0.6) ×2m =2.8m

注:因为有一台动力配电箱是落地安装,需安装基础槽钢,而落地安装的动力配电箱的宽和深为0.8m 和0.6m,所以基础槽钢的工程量为2 ×(0.8 +0.6)m =2.8m。

2）压铜接线端子(10mm²)　5 ×3 个 =15 个

注:因为挂墙安装的配电箱有三个回路,3 为挂墙安装的配电箱的出线BV − 5 ×10 的导线根数。

3）压铜接线端子(16mm²)　5 ×4 个 =20 个

注:因为落地安装的配电箱有四个回路,5 为挂墙安装的配电箱的出线BV − 5 ×16 的导线根数。

（2）清单工程量

清单工程量计算见表1-3。

表 1-3　清单工程量计算表

序号	项目编码	项目名称	项目特征描述	计量单位	工程数量
1	030404017001	配电箱	型号:XLX　规格:高0.5m,宽0.4m,深0.2m (1)箱体安装 (2)压铜接线端子	台	1
2	030404017002	配电箱	型号:XL(F)-15　规格:高1.7m,宽0.8m,深0.6m (1)基础槽钢(10#)制作、安装 (2)箱体安装 (3)压铜接线端子	台	1

(3)定额工程量

1)基础槽钢制作安装　0.28(10m),套用定额:2-356

2)压铜接线端子(10mm²)　1.5(10个),套用定额:2-337

3)压铜接线端子(16mm²)　2.0(10个),套用定额:2-337

4)配电箱安装(XLX)　1台,套用定额:2-265

5)配电箱安装[XL(F)-15]　1台,套用定额:2-266

1.3　变压器及配电装置安装工程清单与定额工程量计算规则的联系与易错点

1.联系

(1)整流变压器

整流变压器安装清单工程量与定额工程量均是按设计图示数量计算。

(2)油浸电力变压器

油浸电力变压器安装清单工程量与定额工程量均是按设计图示数量。

(3)消弧线圈清单工程量与定额工程量均是按设计图示数量计算。

(4)油断路器、真空断路器、SF₆断路器

断路器清单工程量与定额工程量均是按设计图示数量计算,单位"台"。

(5)隔离开关、负荷开关

开关的清单工程量与定额工程量均是按设计图示数量,单位"组"。

(6)避雷器

避雷器安装的清单工程量与定额工程量计算规则均是按设计图示数量,以"组"为单位计算。

(7)干式电抗器

干式电抗器安装清单工程量与定额工程量计算规则均是按设计图示数量计算,单位"组"。

(8)油浸电抗器

油浸电抗器安装清单工程量与定额工程量计算规则均是按设计图示数量计算,单位"台"。

(9)移相及串联电容器、集合式并联电容器

电容器清单工程量与定额工程量计算规则均是按设计图示数量计算,单位"个"。

(10)并联补偿电容器组架、交流滤波装置组架

组架安装清单工程量与定额工程量均是按设计图示数量,以"台"为单位计算。

(11)组合型成套箱式变电站、环网柜

两者的清单工程量与定额工程量均是按设计图示数量,以"台"为单位计算。

2. 易错点

(1)油浸电力变压器

清单的工作内容已包含了基础型钢制作、安装,本体安装,油过滤、干燥,网门及铁构件制作、安装、刷(喷)油漆。

(2)电容器及其组架

清单的工作内容只包含电容器安装(组架安装)。

第2章 母线、控制设备及低压电器安装

2.1 总说明

本章的主要内容是各种母线安装、控制屏、继电信号屏、低压开关柜配电屏、弱电控制返回屏、箱式配电室、控制箱、配电箱、控制开关、分流器、小电器等工程项目的工程量计算。

各工程项目的工程量计算均采用清单工程量与定额工程量相对照的形式,使读者在解题过程中熟悉清单工程量计算规则与定额工程量计算规则。计算依据为《通用安装工程工程量计算规范》(GB 50856－2013)和《全国统一安装工程预算定额》第二册电气设备安装工程(GYD－202－2000)。

为方便读者查阅、学习,本章最后一节为工程量计算规则的联系与易错点。

2.2 母线安装

项目编码:030403002   项目名称:组合软母线

【例1】 某工程组合软母线2根,跨度为55m,求定额材料的消耗量调整系数及调整后的材料费并套用清单。

【解】 由定额中说明可知:组合软母线安装定额不包括两端铁构件制作、安装和支持瓷瓶、带形母线的安装,发生时应执行相应定额。其跨距是按标准跨距综合考虑的,如实际跨距与定额不符时不作换算,故套用定额2－121,其材料费为42.22元。

清单工程量计算见表2-1。

表2-1 清单工程量计算表

项目编码	项目名称	项目特征描述	计量单位	工程量
030403002001	组合软母线	组合软母线安装	m	55

2.3 控制设备及低压电器安装

注:高压配电柜、低压配电屏(柜)和控制屏、继电信号屏等均需设置基础槽钢或角钢。

【例2】 某变电所高压配电室内有高压开关柜 XGN2－10,外形尺寸为 1200mm × 2680mm × 1250mm(宽×高×深),共25台,预留5台,且安装在同一电缆沟上,基础型钢选用10#槽钢,试计算工程量。

【解】 10#基础槽钢的长度为

$$L = 2(\sum A + B) = 2 \times [1.2 \times (25 + 5) + 1.25]m = 74.5m$$

【注释】 1.2为单台高压开关柜的长度,25为安装的台数,5为预留的台数,1.2×(25 + 5)为总的长度,1.25为基础槽钢的宽度,也即高压开关柜的宽度。

10#槽钢单位长度重量为10kg/m,则 $G = 74.5 \times 10kg = 745kg$

项目编码:030404017   项目名称:照明配电箱,悬挂嵌入式

【例3】 已知图2-1中箱高为1m,楼板厚度 $b=0.2m$,求垂直部分明敷管长及垂直部分暗敷管长各是多少?

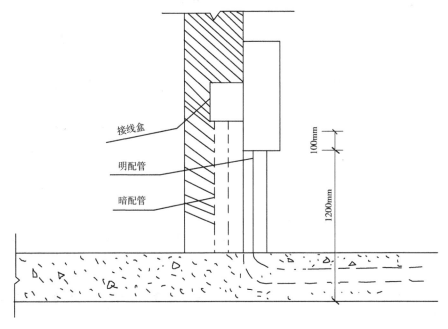

图2-1 配管分布图

【解】 (1)清单工程量:

当采用明配管时,管道垂直长度为:

$(1.2+0.1+0.2)m=1.5m$

【注释】 1.2为配电箱箱底距地高度,0.1为箱内竖管的长度,0.2为楼板的厚度。

$(1.2+\frac{1}{2}\times1+0.2)m=1.9m$

【注释】 1.2为配电箱箱底距地高度,$\frac{1}{2}\times1$为配电箱的半高度,0.2为楼板的厚度。

清单工程量计算见表2-2。

表2-2 清单工程量计算表

项目编码	项目名称	项目特征描述	计量单位	工程量
030411001001	配管	明配管	m	1.5
030411001002	配管	暗配管	m	1.9

(2)定额工程量:

定额工程量计算方法与清单工程量计算方法相同。

套用预算定额 2-266

①人工费:65.02元/台

②材料费:31.25元/台

③机械费:3.75元/台

项目编码:030404017 项目名称:配电箱

【例4】 已知图2-2,层高2.5m,配电箱安装高度为1.5m,求管线工程。

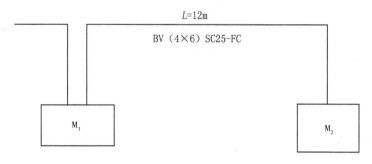

图2-2 配线工程图

【解】 (1)基本工程量

$$[12 + (2.5 - 1.5) \times 3]m = 15m$$

$$BV6 = 15 \times 4m = 60m$$

【注释】 12为两个配电箱之间的水平距离,2.5为层高,1.5为配电箱安装高度,(2.5 - 1.5)为从屋顶到配电箱的竖直长度,2条为从M_2、M_1到屋顶的竖管,1条为从屋顶到M_1的竖直长度,共计3条。

注:因为配电箱M_1有进出两根立管,垂直部分有3根管,层高2.5m,配电箱为1.5m,所以垂直部分为(2.5 - 1.5)m = 1m

(2)清单工程量:

清单工程量计算见表2-3。

表2-3 清单工程量计算表

项目编码	项目名称	项目特征描述	计量单位	工程量
030404017001	配电箱	安装高度1.5m	台	1
030411004001	配线	BV(4×6)SC25 - FC	m	15

(3)定额工程量

配电箱   1台

套用预算定额 2 - 264

①人工费:41.80 元/台

②材料费:34.39 元/台

项目编码:030404031 项目名称:小电器

【例5】 已知图2-3所示为某工程的闭路电视系统图,该工程为10层楼建筑,层高为4m。闭路同轴电缆在每层的水平距离为10m,在一层的连接长度为4m。①控制中心设在第1层,设备均安装在第一层,为落地安装,出线从地沟引到线槽处,且垂直到每层楼的电气元件。②由地区电视干线引出弱电中心前端箱,然后由地沟引分支电缆通过垂直竖向线槽到各住户。

【解】 (1)基本工程量

前端箱   1台

【注释】 见图2-3中下端的前端箱为1台。

电视插座   20个   2×10;每层一个

【注释】 电视插座间,如图2-3中所示的小圆圈的个数。

10

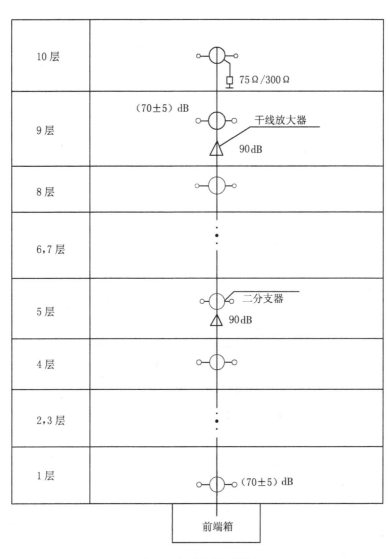

图 2-3 闭路电视系统图

干线放大器	2个	(1+1)个,5层、9层各一个
二分支器	10个	1×10个,每层一个,共10层
闭路同轴电缆	106m	(40+6+6×10)m(垂直+第一层出线+10层平面)
线槽200×75	40m	垂直高度
管子敷设	80m	8×10m 8m为每层管子敷设长度,共10层

(2)清单工程量

清单工程量计算见表2-4。

表 2-4 清单工程量计算表

序号	项目编码	项目名称	项目特征描述	计量单位	工程量
1	030505007001	前端射频设备	前端箱	套	1
2	030505005001	射频同轴电缆		m	106

11

序号	项目编码	项目名称	项目特征描述	计量单位	工程量
3	030505013001	分配网络	二分支器	个	10
4	030505012001	干线设备	干线放大器	个	2

（3）定额工程量

定额工程量计算见表 2-5。

表 2-5　定额计算表

序号	定额编号	工程项目	单位	数量
1	13 - 5 - 1	前端箱	台	1
2	13 - 1 - 87	同轴电缆	100m	1.06
3	13 - 5 - 96	二分支器	个	10
4	13 - 5 - 86	干线放大器	个	2

项目编码:030404031　　项目名称:仪表、电器、小母线和分流器安装

【例6】　某电气工程图有8台高压配电柜,每台柜宽1200mm,试计算小母线工程量。

【解】　高压配电柜二次回路设有控制母线、闪光母线、灯母线、绝缘监督母线等小母线共9根,已知高压开关柜8台,柜宽1200mm,则小母线工程量为:

$$L = (\sum B + \Delta L)n = (1.2 \times 8 + 0.2 \times 8) \times 9 \text{m} = 100.8 \text{m}$$

【注释】　每根小母线的 $L = (\sum B + \Delta L)$,其中 $\sum B$ 为总的柜宽,1.2 为每台低压配电柜的宽度,8 为配电柜的个数,0.2 为每台配电柜小母线的预留长度。

项目编码:030404031　　项目名称:仪表、电器、小母线和分流器安装

【例7】　某大学住宅楼局部电气安装工程的工程量计算如下:砖混结构暗敷焊接钢管SC15 为70m,SC20 为40m,SC25 为15m;暗装灯头盒为23 个,开关盒、插座盒为38 个;链吊双管荧光灯 YG_{2-2} 2×40W 为25 套;F81/1D,10A250V 暗装开关为23 套;F81/10US,10A250V 暗装插座为18 套;管内穿照明导线 BV -2.5 为300m。

试套用清单工程量。

【解】　清单工程量计算见表 2-6。

表 2-6　清单工程量计算表

序号	项目编码	项目名称	项目特征描述	计量单位	工程量
1	030404031001	小电器	暗装开关安装 F81/1D,10A 250V	套	23
2	030411001001	配管	SC15 砖混结构暗敷	m	70
3	030411001002	配管	SC20 砖混结构暗敷	m	40
4	030411001003	配管	SC25 砖混结构暗敷	m	15
5	030404031002	小电器	暗装插座安装 F81/10US,10A 250V	套	18
6	030412005001	荧光灯	双管荧灯链吊安装 YG_{2-2} 2×40W	套	25
7	030411004001	配线	BV -2.5	m	300

项目编码:030404004　　　项目名称:低压开关柜

项目编码:030307005　　　项目名称:设备支架制作安装

项目编码:030412002　　　项目名称:工厂灯

项目编码:030412005　　　项目名称:荧光灯

项目编码:030411001　　　项目名称:配管

项目编码:030408001　　　项目名称:电力电缆

项目编码:030411004　　　项目名称:配线

【例8】　某水泵站电气安装工程如图2-4所示:

问题:1.计算分部分项工程量。

2.编列工程量清单。

3.套用定额列定额表格。

【解】　(1)基本工程量:

①低压配电柜PGL　　4台　注:由图可以看出有4台低压配电柜。

②照明配电箱MX　　1台

③基础槽钢　　$[(1.0+0.6)\times2]\times4m=3.2\times4m=12.8m$

注:低压配电柜安装在基础槽钢上,PGL尺寸为(宽×高×厚)1.0m×2.0m×0.6m,共4台PGL型低压配电柜,槽钢以周长作为工程量,故可得12.8m。

④板式暗开关单控双联　　1套

⑤板式暗开关单控三联　　1套

⑥钢管暗配DN50　　15m

注:由说明和图示可知D_1回路配管长度为15m。

⑦钢管暗配DN32　　25m

注:同⑥解释$(12+13)m=25m$

⑧塑料管暗配φ15　　23.2m

注:$(3.0-1.4-0.4+6+8+8)m=23.2m$

【注释】　3.0为顶板敷管的标高,1.4为配电箱MX箱底距地的高度,0.4为配电箱本身的高度,(3.0-1.4-0.4)为从顶板敷管到配电箱MX的竖直高度;6为照明配电箱MX到其下端的工厂罩灯的水平配管长度;(8+8)为下端两盏工厂罩灯之间的间距之和。

⑨钢管暗配DN25　　6.8m

注:$(5+1.4+0.4)m=6.8m$

【注释】　5为照明配电箱MX所在回路的钢管的水平长度,1.4为照明配电箱MX箱底距地面的高度,0.4为照明配电箱MX的本身的高度。

⑩电缆敷设VV-3×35+1×16　　24.7m

电缆敷设VV-3×35+1×16

注:D_1回路:$(2+0.2+1.5+1.5\times2+2+15+1)m=24.7m$

【注释】　2为电缆与低压配电柜连接的预留长度,0.2为钢管埋地深度,1.5为电缆进入沟内的预留长度,1.5×2为电力电缆终端头的预留长度,2为电力电缆终端头的个数,2为电力电缆在沟内的敷设长度,15为D_1回路的电缆长度,1为电缆与水泵电动机处的预留长度。

13

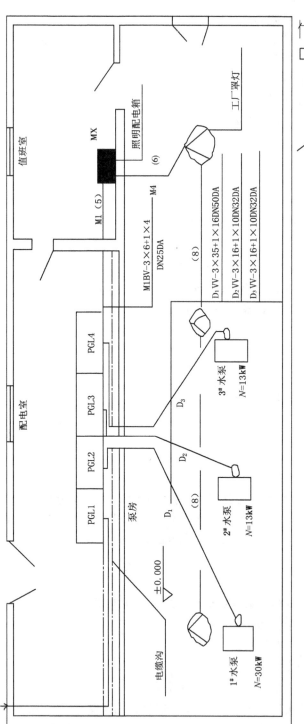

图2-4 水泵站部分电器平面图

说明:

1. 配电室内设4台PGL型低压配电柜。其尺寸（高×宽×厚）2000mm×1000mm×600mm，安装在10#基础槽钢上。

2. 电缆沟内设15个电缆支架，尺寸见支架详图所示。

3. 三台水泵动力电缆 D_1、D_2、D_3 配至PGL2、3、4低压开关柜引出，沿电缆沟内支架敷设，出电缆沟再改穿埋地管（钢管埋地深度0.2m）。其中：D_1、D_2、D_3 回路，沟内电缆水平长度分别为2m、3m、4m；配管长度为15m、12m、13m。连接水泵电动机处电缆预留长度按1.0m计。

4. 嵌装式照明配电箱MX，其尺寸（宽×高×厚）500mm×400mm×220mm（箱底标高+1.40m）。

5. 水泵房内设吸顶式工厂罩灯，由配电箱MX集中控制，顶板暗配、顶板敷管φ15mm塑料管，以BV2.5mm²导线穿φ15mm塑料管。顶板敷管标高为+3.00m。

6. 配管水平长度见图示括号内数字，单位：m。

注：1. 角钢50×50×5单位重量3.77kg/m；
　　2. 角钢30×30×4单位重量1.786kg/m。

⑪电缆敷设 VV $-3 \times 16 + 1 \times 10$　　47.4m

D_2 回路：$(2 + 0.2 + 1.5 + 1.5 \times 2 + 3 + 12 + 1)\mathrm{m} = 22.7\mathrm{m}$

上式中，2 为电缆与低压配电柜连接的预留长度，0.2 为钢管埋地深度，1.5 为电缆进入沟内的预留长度，1.5×2 为电力电缆终端头的预留长度，2 为电力电缆终端头的个数，3 为电力电缆在沟内的敷设长度，12 为 D_2 回路的电缆长度，1 为电缆与水泵电动机处的预留长度。

D_3 回路：$(2 + 0.2 + 1.5 + 1.5 \times 2 + 4 + 13 + 1)\mathrm{m} = 24.7\mathrm{m}$

【注释】　2 为电缆与低压配电柜连接的预留长度，0.2 为钢管埋地深度，1.5 为电缆进入沟内的预留长度，1.5×2 为电力电缆终端头的预留长度，2 为电力电缆终端头的个数，4 为电力电缆在沟内的敷设长度，13 为 D_3 回路的电缆长度，1 为电缆与水泵电动机处的预留长度，共 $(22.7 + 24.7)\mathrm{m} = 47.4\mathrm{m}$。

⑫塑料铜芯线 $2.5\mathrm{mm}^2$　　24.1m

注：$23.2 + 0.5 + 0.4 = 24.1\mathrm{m}$

【注释】　23.2 为塑料铜芯线 $2.5\mathrm{mm}^2$ 在塑料管内的敷设长度，$0.5 + 0.4$ 为塑料铜芯线 $2.5\mathrm{mm}^2$ 与照明配电箱 MX 连接的预留长度，高 + 宽。

⑬工厂罩灯 3 套

⑭电缆支架制作 77.46kg

注：$(0.4 \times 3 \times 1.79 + 0.8 \times 3.77) \times 15\mathrm{kg} = 77.46\mathrm{kg}$

【注释】　$0.4 \times 3 \times 1.79$ 为单个电缆支架中角钢 $30 \times 30 \times 4$ 的重量。其中，0.4 为单个电缆支架中单根横向角钢 $30 \times 30 \times 4$ 的长度，3 为单个电缆支架中角钢 $30 \times 30 \times 4$ 的个数，$1.79\mathrm{kg/m}$ 为角钢 $30 \times 30 \times 4$ 的理论重量；0.8×3.77 为单个电缆支架中角钢 $50 \times 50 \times 5$ 的重量。其中，0.8 为单个电缆支架中单根横向角钢 $50 \times 50 \times 5$ 的长度，$3.77\mathrm{kg/m}$ 为角钢 $50 \times 50 \times 5$ 的理论重量；15 为电缆支架的总的个数。

(2)清单工程量

清单工程量计算见表 2-7。

表 2-7　清单工程量计算表

序号	项目编码	项目名称	项目特征描述	计量单位	工程数量
1	030404004001	低压开关柜	宽 × 高 × 厚（1000mm × 2000mm × 600mm）	台	4
2	030411001001	配管	钢管暗配 DN50	m	15
3	030411001002	配管	钢管暗配 DN32	m	25
4	030411001003	配管	塑料管暗配 φ15	m	23.20
5	030411001004	配管	钢管暗配 DN25	m	6.80
6	030408001001	电缆敷设	VV $-3 \times 35 + 1 \times 16$	m	24.70
7	030408001002	电缆敷设	VV $-3 \times 16 + 1 \times 10$	m	47.40
8	030404017001	配电箱	嵌墙式动力配电箱 500 × 400 × 220	台	1
9	030404031001	小电器	板式暗装开关单控双联	个	1
10	030404031002	小电器	板式暗装开关单控三联	个	1
11	030411004002	电气配线	BV -2.5	m	24.10
12	030307005001	电缆支架	角钢 $50 \times 50 \times 5$，单位重量 $3.77\mathrm{kg/m}$ 角钢 $30 \times 30 \times 4$，单位重量 $1.79\mathrm{kg/m}$	t	0.077
13	030412002001	工厂灯	吸顶式	套	3

（3）定额工程量计算：

定额工程量计算见表2-8。

表2-8　定额计算表

序号	定额编号	工程项目	单位	数量	其中：/元 人工费、材料费、机械费
1	2－1599	吸顶式工厂罩灯	10套	0.3	①人工费：47.83 元/10 套 ②材料费：113.61 元/10 套 注：不包含主要材料费
2	2－356	基础槽钢10#	10m	1.28	①人工费：48.07 元/10m ②材料费：33.52 元/10m ③机械费：9.27 元/10m
3	2－1024	钢管暗配 DN50	100m	0.15	①人工费：377.32 元/100m ②材料费：154.35 元/100m ③机械费：30.34 元/100m 注：不包含主要材料费
4	2－1022	铜管暗配 DN32	100m	0.25	①人工费：216.18 元/100m ②材料费：92.29 元/100m ③机械费：20.75 元/100m 注：不包含主要材料费用
5	2－1021	铜管暗配 DN25	100m	0.07	①人工费：203.64 元/100m ②材料费：72.47 元/100m ③机械费：20.75 元/100m 注：不包含主要材料费
6	2－618	铜芯电力电缆敷设 $35mm^2$ 以下	100m	0.74	①人工费：163.24 元/100m ②材料费：164.03 元/100m ③机械费：5.15 元/100m
7	2－264	配电箱安装	台	1	①人工费：41.80 元/台 ②材料费：34.39 元/台
8	2－1097	塑料管暗配 ϕ15	100m	0.23	①人工费：104.26 元/100m ②材料费：4.04 元/100m ③机械费：29.43 元/100m 注：不包含主要材料费
9	2－1198	塑料铜芯线 $2.5mm^2$	100m	0.24	①人工费：16.25 元/100m 单线 ②材料费：17.43 元/100m 单线
10	2－1200	塑料铜芯线 $6mm^2$	100m	0.32	①人工费：18.58 元/100m 单线 ②材料费：21.03 元/100m 单线 注：不包含主要材料费

2.4 母线、控制设备及低压电器安装清单与定额工程量计算规则的联系与易错点

1. 联系

(1) 重型母线

清单工程量计算规则与定额工程量计算规则均是按设计图示尺寸以重量"t"为单位计算。

(2) 控制屏

清单工程量计算规则与定额工程量计算规则均是按设计图示数量以"台"为单位计算。

(3) 继电、信号屏

清单工程量计算规则与定额工程量计算规则均是按设计图示数量以"台"为单位计算。

(4) 低压开关柜

清单工程量计算规则与定额工程量计算规则均是按设计图示数量以"台"为单位计算。

(5) 控制台

清单工程量计算规则与定额工程量计算规则同低压开关柜。

(6) 分流器

清单工程量计算规则与定额工程量计算规则均是按设计图示数量以"个"为单位计算。

2. 易错点

(1) 软母线

清单工程量计算规则:按设计图示尺寸以单线长度计算,单位为"m"。

定额工程量计算规则:软母线安装,指直接由耐张绝缘子串悬挂部分,按软母线截面大小分别以"跨/三相"为计量单位。设计跨距不同时,不得调整。导线、绝缘子、线夹、弛度调节金具等均按施工图设计用量加定额规定的损耗率计算。

(2) 组合软母线

清单工程量计算规则:按设计图示尺寸以单线长度计算,单位为"m"。

定额工程量计算规则:组合软母线安装,按三相为一组计算。跨距(包括水平悬挂部分和两端引下部分之和)是以 45m 以内考虑,跨度的长与短不得调整。导线、绝缘子、线夹、金具按施工图设计用量加定额规定的损耗率计算。

(3) 带形母线

清单工程量计算规则:按设计图示尺寸以单线长度计算,单位为"m"。

定额工程量计算规则:带型母线安装及带型母线引下线安装包括铜排、铝排,分别以不同截面和片数以"10m/单相"为计量单位。母线和固定母线的金具均按设计量加损耗率计算。

(4) 槽形母线

清单工程量计算规则:按设计图示尺寸以单线长度计算,单位为"m"。

定额工程量计算规则:槽型母线安装以"m/单相"为计量单位。槽型母线与设备连接分别以连接不同的设备以"台"为计量单位。槽型母线及固定槽型母线的金具按设计用量加损耗率计算。壳的大小尺寸以"m"为计量单位,长度按设计共箱母线的轴线长度计算。

(5) 低压封闭式插接母线槽

清单工程量计算规则:按设计图示尺寸以单线长度计算,单位为"m"。

定额工程量计算规则:低压(指 380V 以下)封闭式插接母线安装分别按导体的额定电流

大小以"10m"为计量单位,长度按设计母线的轴线长度计算,分线箱以"台"为计量单位,分别以电流大小按设计数量计算。

(6)清单工程量计算规则与定额工程量计算规则相同,均按设计图示数量计算。

唯一的区别是定额工程量的单位均为"台",而清单工程量中"箱式配电室"的计量单位为"套","控制开关"、"低压熔断器"、"限位开关"的计量单位为"个","小电器"的计量单位为"个(套、台)",其他控制设备及低压电器的清单计量单位均为"台",计算时要注意区分。

第3章 电机、电缆及滑触线装置安装

3.1 总说明

本章依据《全国统一安装工程预算定额》第二册电气设备安装工程（GYD-202-2000）和《通用安装工程工程量计算规范》（GB 50856-2013）编写，内容主要是关于滑触线、电力电缆、控制电缆、电缆保护管、电缆桥架、电缆支架等工程项目的工程量计算。

每个工程的工程量计算形式分清单工程量计算与定额工程量计算两种，通过两种工程量的对比计算，加深读者对清单工程量计算规则与定额规则的不同之处的理解。最后，为方便读者学习查阅，最后一节对清单与定额的工程量计算规则进行汇总。

3.2 电缆安装

项目编码:030408001　　项目名称:电力电缆

【例1】 某电缆工程采用电缆沟敷设，沟长150m，共15根，电缆为 VV_{29}（$3\times120+1\times25$），分四层，双边，支架镀锌，试计算工程量并列出清单工程量清单。

【解】 电缆沟支架制作安装工程量:$150\times2m=300m$

$300\times3.77=1131kg=1.13t$

注:支架的理论重量，为3.77kg/m。

电缆敷设工程量:$(150+1.5+1.5\times2+0.5\times2+2)\times15m=2362.50m$

注:电缆进建筑1.5，电缆头两个1.5×2，水平到垂直两次0.5×2，低压柜有电缆连接，预留2m。

分部分项工程量清单见表3-1。

表3-1　分部分项工程量清单

工程项目	单　位	数　　量
电缆沟支架制作安装4层	t	1.13
电缆沿沟内敷设	m	2362.50

清单工程量计算见表3-2。

表3-2　清单工程量计算表

序号	项目编码	项目名称	项目特征描述	计量单位	工程量
1	030408001001	电力电缆	电缆沟支架制作安装4层	t	1.13
2	030408001002	电力电缆	电缆沿沟内敷设	m	2362.50

项目编码:030408003　　项目名称:电缆保护管

【例2】 全长250m的电力电缆直埋工程，单根埋设时下口宽0.4m，深1.3m。现若同沟并排埋设5根电缆。问:

(1)挖填土方量多少?

(2)若直埋的5根电缆横向穿过混凝土铺设的公路,已知路面宽28m,混凝土路面厚200mm,电缆保护管为SC80,埋设深度为1.5m,计算路面开挖工程量。

直埋电缆挖土(石)方量计算见表3-3。

表3-3 直埋电缆挖土(石)方量计算表

项 目	电缆根数	
	1~2根	每增加1根
每米沟长挖填土方量/(m³)	0.45	0.153

注:1.两根以内电缆沟,按上口宽0.6m、下口宽0.4m、深0.9m计算常规土方量。

2.每增加1根电缆,其沟宽增加0.17m。

【解】 (1)挖填土方量计算

按表3-3,标准电缆沟下口宽 $a=0.4m$,上口宽 $b=0.6m$,沟深 $h=0.9m$,则电缆沟边坡放坡系数为: $\zeta=(0.1/0.9)=0.11$

题中已知下口宽 $a=0.4m$,沟深 $h'=1.3m$,所以上口宽为:

$b'=a'+2\zeta h'=(0.4+2\times0.11\times1.3)m=0.69m$

根据清单规范及注释可知同沟并排5根电缆,其电缆上下口宽度均增加 $0.17\times3=0.51m$,则挖填土方量为:

$V_1=[(0.69+0.51+0.4+0.51)\times1.3/2]\times250m^3=342.88m^3$

(2)路面开挖填土方量计算

已知电缆保护管为SC80,根据电缆过路保护管埋地敷设土方量及计算规则求得电缆沟下口宽度为:

$a_1=[(0.08+0.003\times2)\times5+0.3\times2]m=1.03m$

缆沟边放坡系数 $\zeta=0.11$,则电缆沟上口宽度为:

$b_1=a_1+2\zeta h'=(1.03+2\times0.11\times1.5)m=1.36m$

其中人工挖路面厚度为200mm,宽度28m的路面面积工程量为:

$S=b_1B=1.36\times28m^2=38.08m^2$

据有关规定,电缆保护管横穿道路时,按路基宽度两端各增加2m,则保护管SC80总长度为:

$L=(28+2\times2)\times5m=160m$

则路面开挖填土方量为:

$V=\{[(1.03+1.36)\times1.5/2]\times32-38.08\times0.2\}m^3=49.74m^3$

清单工程量计算见表3-4。

表3-4 清单工程量计算表

序号	项目编码	项目名称	项目特征描述	计量单位	工程量
1	010101002001	挖一般土方	电缆保护管SC80,深度1.3m	m³	342.88
2	010101003001	挖沟槽土方	深1.3m	m³	49.74

项目编码:030408001 项目名称:电力电缆

【例3】 某工厂车间电源配电箱DLX(1.8m×1m)安装在10#基础槽钢上,车间内另设有备用配电箱一台(1m×0.7m);墙上暗装,其电源由DLX以2R-VV4×50+1×16穿电镀管

DN80 沿地面暗敷引来(电缆、电镀管长 20m)。试计算工程量。

【解】 (1)基本工程量

1)铜芯电力电缆敷设

$(20 + 2 \times 2 + 1.5 \times 2) \times (1 + 25\%) m = 33.75m$

注:根据规定:电缆进出配电箱应预留长度 2m/台;电缆终端头的预留长度为 1.5m/个。

式中 25% 为电缆敷设的附加长度系数。

2)干包终端头制作:2 个

(2)清单工程量:

清单工程量计算见表 3-5。

表 3-5 清单工程量计算表

项目编码	项目名称	项目特征描述	计量单位	工程量
030408001001	电力电缆	采用 2R – VV4 × 50 + 1 × 16,穿电镀管 DN80,沿地面暗敷引来	m	33.75

(3)定额工程量

套用预算定额 2 – 620

①人工费:414.71 元/100m × 33.75m = 139.96 元

②材料费:375.55 元/100m × 33.75m = 126.75 元

③机械费:182.20 元/100m × 33.75m = 61.49 元

项目编号:030408001 项目名称:电力电缆

【例 4】 某工厂车间电源配电箱 DLX(1.8m × 1m)安装在 10# 基础槽钢上,车间内另设备用配电箱一台(1m × 0.7m)墙上暗装,其电源由 DLX 以 2R – VV4 × 50 + 1 × 16 穿电镀管 DN90 沿地面敷设引来(电缆、电镀管长 25m)。试计算工程量并编制工程量清单。(如图 3-1 所示,电缆截面积 35mm²)

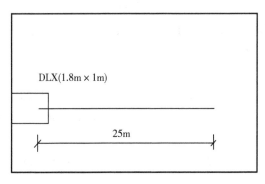

图 3-1 配电箱安装示意图

【解】 (1)该项目发生的工程内容

1)铜芯电力电缆敷设

2)干包终端头制作

(2)基本工程量

1)铜芯电力电缆敷设

$(25 + 2 \times 2 + 1.5 \times 2) \times (1 + 25\%) \mathrm{m} = 40\mathrm{m}$

【注释】 电缆进出配电箱的预留长度为2m/台;电缆终端头的预留长度为1.5m/个;25%为电缆敷设的附加长度系数。

2)干包终端头制作:2 个

(3)清单工程量

清单工程量计算见表3-6。

表3-6 清单工程量计算表

序号	项目编码	项目名称	项目特征描述	单位	工程数量
1	030408001001	电力电缆	铜芯电力电缆	m	40.00

(4)定额工程量

定额工程量计算见表3-7。

表3-7 定额计算表

序号	定额编号	项目名称	单位	数量	其中:/元
					人工费、材料费、机械费
1	2-618	铜芯电力电缆敷设	100m	0.40	①人工费:163.24 元/100m ②材料费:164.03 元/100m ③机械费:5.15 元/100m
2	2-626	干包终端头制作	个	2	①人工费:12.77 元/个 ②材料费:67.14 元/个

项目编码:030408003   项目名称:电缆保护管
项目编码:030408002   项目名称:控制电缆

【例5】 图 3-2 所示为某锅炉动力工程的平面图。

1)室内外地坪无高差,进户处重复接地。

2)循环泵、炉排风机、液位计处线管管口高出地坪0.5m,鼓风机、引风机、电动机处管口高出地坪2m,所有电动机和液位计处的预留线均为1.00m,管道旁括号内数据为该管的水平长度(单位:m)。

3)动力配电箱为暗装,底边距地面1.40m,箱体尺寸宽×高×厚为400mm×300mm×200mm。

4)接地装置为镀锌钢管G50、L=2.5m,埋深0.7m,接地母线采用—60×6镀锌扁钢(进外墙皮后,户内接地母线的水平部分长度为4m,进动力配电箱内预留0.5m)。

5)电源进线不计算。

计算:①各项工程量。

②套用定额列出表格(依据《全国统一安装工程预算工程量计算规则》)。

③套用清单列出清单表格。

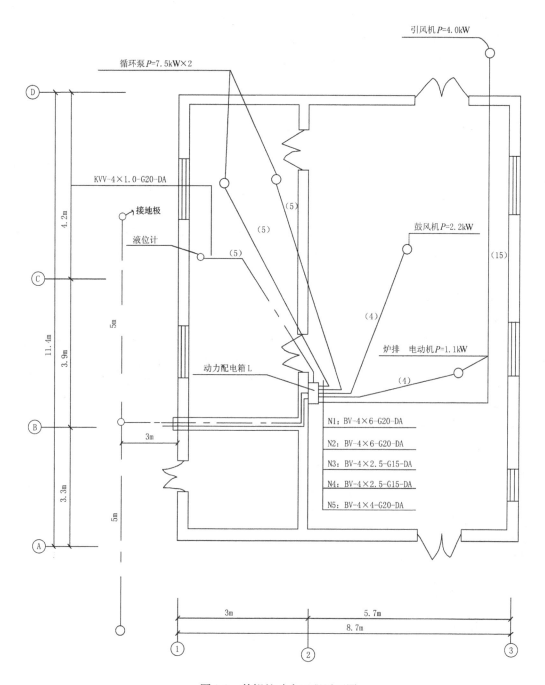

图 3-2　某锅炉动力工程平面图

【解】　(1)基本工程量

①钢管 G20：

液位计：(1.4 + 0.2 + 5 + 0.2 + 0.5)m = 7.3m

【注释】　动力配电箱距地面1.4,从配电箱引下需1.4钢管;引下时钢管预留0.2,5为管路长度;0.2为引上预留长度,0.5为液压计高出地平面的高度。

循环泵两台：$(1.4+0.2+5+0.2+0.5)×2m=14.6m$

【注释】 解释同上,因为有两台循环泵,所以乘以2。

引风机：$(1.4+0.2+15+0.2+2)m=18.8m$

【注释】 解释同上。

共：$(7.3+14.6+18.8)m=40.70m$

②钢管 G15：

鼓风机：$(1.4+0.7+4+0.7+2)m=8.80m$

【注释】 1.4 为从配电箱到地面的竖直距离,即配电箱箱底距地面的高度;0.7 为镀锌钢管理地深度;4 为配电箱到鼓风机的水平距离;2 为鼓风机管口高出地坪的高度。

炉排风机：$(1.4+0.7+0.7+0.5+4)m=7.30m$

【注释】 1.4 为从配电箱到地面的竖直距离,即是配电箱箱底距地面的高度;0.7 为镀锌钢管理地深度;4 为配电箱到鼓风机的水平距离;0.5 为炉排风机管口高出地坪的高度。

共：$(8.8+7.3)m=16.10m$

③塑料钢芯线 $6mm^2$

循环泵两台：$[14.6×4+(0.7+1.0+0.7+1.0)×4]m=72.00m$

【注释】 $14.6=7.3×2$ 为两台循环泵的塑料钢芯线 $6mm^2$ 在管内的敷设长度,4 为塑料钢芯线 $6mm^2$ 的个数;0.7 为塑料钢芯线 $6mm^2$ 与配电箱 $400×300×200$ 连接的预留长度,高+宽;1.0 为塑料钢芯线 $6mm^2$ 与电动机连接的预留长度;$(0.7+1.0+0.7+1.0)$ 为两台循环泵的塑料钢芯线 $6mm^2$ 的预留长度。

④塑料铜芯线 $4mm^2$

引风机：$(18.8+0.7+1.0)×4m=82.0m$

【注释】 18.8 为引风机的塑料钢芯线 $4mm^2$ 在管内的敷设长度,4 为塑料钢芯线 $4mm^2$ 的个数;0.7 为塑料钢芯线 $4mm^2$ 与配电箱 $400mm×300mm×200mm$ 连接的预留长度,高+宽;1.0 为塑料钢芯线 $4mm^2$ 与电动机连接的预留长度。

⑤塑料铜芯线：$2.5mm^2$

鼓风机、炉排风机：$(7.8+6.3+1+1+0.7+0.7)×4m=70.0m$

【注释】 计算方法同上。

⑥控制电缆 kVV4×1

液位计：$(7.3+1.0+2.0)m=10.3m$

【注释】 7.3 为钢管敷设的电缆长度,电缆进液位计预留1.0m,电缆敷设时两端各预留1.0m。

⑦电动机检查接线 3kW 以下　　2台

【注释】 炉排电动机+鼓风机=2台

⑧电动机检查接线 13kW 以下　　3台

【注释】 引风机+2台循环泵=3台

⑨液位计　　1套

⑩钢管接地极　　3根

⑪接地母线：

$(5+5+3+4+1.4+0.5)m = 18.9m$

【注释】 $(5+5+3)$ 为户外接地极之间的接地母线的长度,4 为户内接地母线与配电箱连接的水平长度,1.4 为配电箱底边距地高度,0.5 为接地母线与配电箱连接的预留长度。

⑫独立接地装置接地电阻测试 1 系统

⑬动力配电箱 1 台

(2)清单工程量

清单工程量计算见表 3-8。

表 3-8 清单工程量计算表

序号	项目编码	工程项目	项目特征描述	计量单位	工程数量
1	030404017001	配电箱	宽×高×厚(400mm×300mm×200mm)	台	1
2	030414011001	接地装置	镀锌钢管 G50 接地板,接地母线采用 -60×6 镀锌扁铁	系统	1
3	030408002001	控制电缆	kVV4×1	m	10.30
4	030408003001	电缆保护管		m	56.80

(3)定额工程量

定额工程量计算见表 3-9。

表 3-9 定额计算表

序号	定额编号	工程项目	单位	数量	其中/元 人工费、材料费、机械费
1	2-696	户内接地母线敷设	10m	1.89	①人工费:31.81 元/10m ②材料费:22.48 元/10m ③机械费:3.92 元/10m
2	2-443	交流同步电机检查接线 3kW 以下	台	2	①人工费:43.65 元/台 ②材料费:23.03 元/台 ③机械费:7.67 元/台 注:不包含主要材料费
3	2-444	交流同步电机检查接线 13kW 以下	台	3	①人工费:83.13 元/台 ②材料费:40.30 元/台 ③机械费:9.45 元/台 注:不包含主要材料费
4	2-306	液位计	套	1	①人工费:89.40 元/套 ②材料费:113.85 元/套 ③机械费:1.96 元/套 注:不包含主要材料费

序号	定额编号	工程项目	单位	数量	其中:/元 人工费、材料费、机械费
5	2-672	控制电缆敷设	100m	0.10	①人工费:96.60 元/100m ②材料费:53.38 元/100m
6	2-1019	钢管 G15 暗配	100m	0.16	①人工费:157.20 元/100m ②材料费:39.77 元/100m ③机械费:12.48/100m 注:不包含主要材料费
7	2-1020	钢管 G20 暗配	100m	0.41	①人工费:166.95 元/100m ②材料费:52.30 元/100m ③机械费:12.48 元/100m 注:不包含主要材料费
8	2-688	钢管接地极（普土）	根	3	①人工费:14.40 元/根 ②材料费:3.23 元/根 ③机械费:9.63 元/根
9	2-1199	塑料铜芯线 4mm²	100m	0.82	①人工费:17.41 元/100m/单线 ②材料费:20.00 元/100m/单线 注:不包含主要材料费
10	2-1198	塑料铜芯线 2.5mm²	100m	0.70	①人工费:16.25 元/100m/单线 ②材料费:17.43 元/100m/单线 注:不包含主要材料费
11	2-264	动力配电箱（悬挂嵌入式）	台	1	①人工费:41.80 元/台 ②材料费:34.39 元/台

项目编码:030408001　　项目名称:电力电缆

【例6】　某电缆工程,采用电缆沟直埋铺砂盖砖,电缆均用 $VV_{29}(4 \times 50 + 2 \times 16)$,进建筑物时电缆穿管 SC80,动力配电箱都是从1号配电室低压配电柜引入,沟深1.2m(如图3-3所示)。各建筑物进线位于线段中点处。试计算工程量,并套用定额、清单列出定额表格和清单表格。

【解】　(1)基本工程量

电缆沟铺砂盖砖工程量:

$(40 + 30 + 60 + 15 + 20 + 40 + 10)m = 215m$

【注释】　40为1号配电柜沿中间电缆沟铺设的长度,30为2号建筑物到中间电缆沟铺设的长度,60为2号建筑物到4号建筑物之间的沿中间电缆沟铺设的长度,15为3号建筑物到中间电缆沟铺设的长度,20为4号建筑物到中间电缆沟铺设的长度,40为4号建筑物到6号建筑物之间的沿中间电缆沟铺设的长度,10为5号建筑物到中间电缆沟铺设的长度。

每增加一根电缆的铺砂盖砖工程量:

$(5 \times 40 + 5 \times 60 + 40)m = 540m$

【注释】　40为1号配电柜沿中间电缆沟铺设的长度,60为2号建筑物到4号建筑物之间的沿中间电缆沟铺设的长度,40为4号建筑物到6号建筑物之间的沿中间电缆沟铺设的长度。

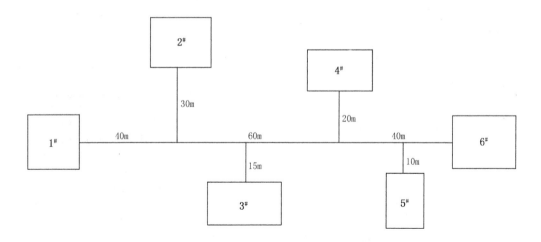

图 3-3　某电缆工程平面图

每增加一根电缆的铺砂盖砖工程量：$[4 \times 40 + (3 + 2) \times 30 + 2 \times 20]m = 350m$

【注释】　1 号配电柜处出线 5 条回路，增加 4 根电缆，40 为电缆铺设的长度；

3 号建筑物进线处和 2 号建筑物进线处之间电缆为 4 根，增加 3 根，3 号建筑物进线处和 4 号建筑物进线处之间电缆为 3 根，增加 2 根，各建筑物进线位于线段中点处，故本段增加电缆的铺砂盖砖工程量为 $(3 + 2) \times 30$；

3 号建筑物进线处和 2 号建筑物进线处之间电缆为 3 根，增加 2 根，各建筑物进线位于线段中点处，故长度为 20m，故本段增加电缆的铺砂盖砖工程量为 2×20。

密封保护管工程量：2 根 $\times 5 = 10$ 根

【注释】　2 为每个建筑物进线所需的密封保护管个数，每端一个，共 2 个；5 为总的建筑物的个数。

电缆敷设工程量：

一根：$(40 + 60 + 40 + 30 + 15 + 20 + 10 + 2 + 1.5 \times 6 + 4 \times 2.28 + 5 \times 2 + 1.5 \times 2)m$
　　　$= 248.12m$

共 6 根：则工程量为 $248.12 \times 6m = 1488.72m$

注：(1) 作预算时，中间头的预留量暂不计算。

(2) 电缆敷设工程要考虑在各处的预留长度，不考虑电缆的施工损耗。电缆进出低压配电室各预留 2，一处，共预留 2；电缆进建筑物预留 2，共 5 栋建筑物，共预留 5×2；电缆进动力箱及配电柜预留 1.5，共预留 1.5×6；电缆进出电缆沟两端各预留 1.5，进出共 12 次，预留 1.5×12；电缆敷设转弯，每个转弯处预留 2.28，有 4 个转弯，共预留 4×2.28。

(2) 清单工程量

清单工程量计算见表 3-10。

表 3-10　清单工程量计算表

项目编码	项目名称	项目特征描述	计量单位	工程量
030408001001	电力电缆	VV29（$4 \times 50 + 2 \times 16$）	m	1488.72

(3)定额工程量

定额工程量计算见表3-11。

表3-11　预算定额表

序号	定额编号	项目名称	单位	数量	其中/元 人工费、材料费、机械费
1	2－529	电缆沟铺砂盖砖	100m	2.15	①人工费:145.13 元/100m ②材料费:648.86 元/100m
2	2－530	每增加一根	100m	5.40	①人工费:38.78 元/100m ②材料费:260.12 元/100m
3	2－539	密封式保护管安装	根	10	①人工费:130.50 元/10m(根) ②材料费:100.54 元/10m(根) ③机械费:10.70 元/10m(根)
4	2－619	电缆敷设(铜芯)	100m	14.89	①人工费:294.20 元/100m ②材料费:272.27 元/100m ③机械费:36.04 元/100m

3.3　滑触线安装

项目编码:030407001　　　项目名称:滑触线
项目编码:030408001　　　项目名称:电力电缆
项目编码:030408002　　　项目名称:控制电缆
项目编码:030408003　　　项目名称:电缆保护管
项目编码:030404017　　　项目名称:配电箱
项目编码:030411001　　　项目名称:配管
项目编码:030411004　　　项目名称:配线

【例7】　某车间电气动力安装工程如图3-4所示。

(1)动力箱尺寸为 600mm × 400mm × 300mm,照明箱尺寸为 500mm × 400mm × 250mm,两者均为定型配电箱,嵌墙安装,箱底标高为 1.4m,木制配电板尺寸为 400mm × 300mm × 250mm,现场制作,挂墙明装,底边标高为 1.5m。

(2)所有电缆、导线均穿钢保护管敷设,保护管除 N_6 为沿墙、柱明配外,其他均为暗配,埋地保护管标高为 －0.2m,N_6 自配电板上部引至滑触线的电源配管,在②柱标高 5.5m 处,接一长度为 0.5m 的弯管。

(3)两设备基础面标高为 0.4m,至设备电机处的配管管口高出基础面 0.2m,至排烟装置处的管口标高为 +5m,均连接一根长 0.7m 同管径的金属软管。

(4)电缆计算预留长度时不计算电缆敷设弛度、波形变度和交叉的附加长度,连接各设备处的电缆、导线的预留长度为 1.0m,与滑触线连接处预留长度为 1.5m,电缆头为户内干包式,其附加长度不计。

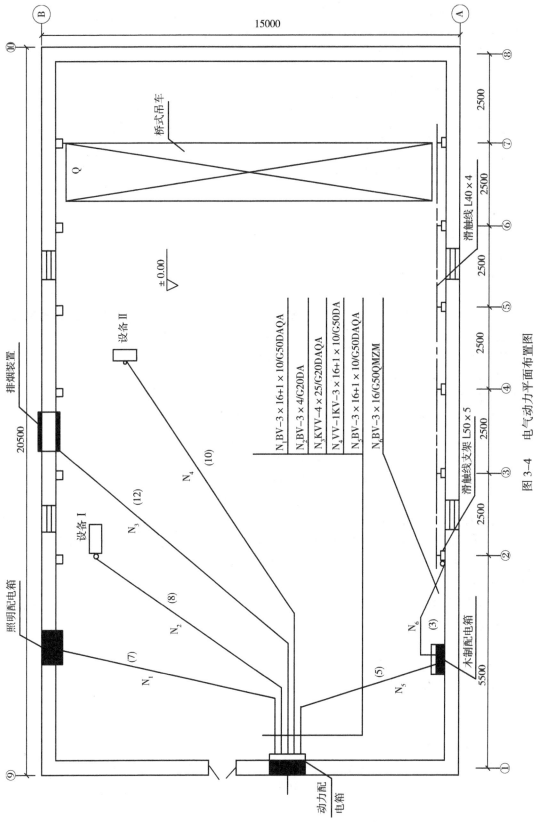

图 3-4 电气动力平面布置图

说明：室内外地坪标高相同（±0.00），图中尺寸标注均以 mm 计

B

A

15000

桥式吊车

滑触线 L40×4

Q

±0.00

设备 II

N_1BV-3×16+1×10/G50DAQA
N_2BV-3×4/G20DA
N_3KVV-4×25/G20DAQA
N_4VV-1KV-3×16+1×10/G50DA
N_5BV-3×16+1×10/G50DAQA
N_6BV-3×16/G50QMZM

滑触线支架 L50×5

排烟装置

N_4

(10)

20500

设备 I

N_3

(12)

照明配电箱

N_2

(8)

N_1

(7)

N_6

(3)

木制配电箱

N_5

(5)

5500

动力配电箱

9

10

⑧ 2500
⑦ 2500
⑥ 2500
⑤ 2500
④ 2500
③ 2500
② 2500
①

2500

(5)滑触线支架安装在柱上标高为5.5m处,滑触线支架(50mm×50mm×5mm,每米重3.77kg),如图3-5所示,采用螺栓固定,滑触线(40mm×40mm×4mm,每米重2.422kg)两端设置指示灯。

(6)图3-4中管路旁括号内数字表示该管的平面长度。

计算分部分项工程工程量。

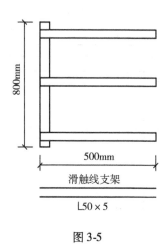

图3-5

【解】 1.配电箱安装工程量

(1)动力配电箱和照明配电箱的安装:各1台

工程量(1+1)台=2台

(2)木制配电板制作:$0.4 \times 0.3 m^2 = 0.12 m^2$

木制配电板安装:1块

2.配管安装工程量

(1)钢管 G20 暗配工程量

N_2:[8(动力箱和设备间的距离)+(0.2+1.4)(埋地深+动力箱的安装高度)+0.2(设备端钢管埋地深)+0.4(设备的安装高度)+0.2(配管管口高出设备基础面的高度)]m=10.4m

同理 N_3:[12+(0.2+1.4)+0.2+5.0]m=18.8m

总工程量:(10.4+18.8)m=29.2m

(2)钢管 G50 暗配工程量

N_1:[7(两配电箱间的距离)+(0.2+1.4)(动力箱的安装高度和配管埋地深)+(0.2+1.4)(照明箱的安装高度和配管埋地深)]m=10.2m

同理N_4:[10+(0.2+1.4)+0.2+0.4+0.2]m=12.4m

N_5:[5+(0.2+1.4)+(0.2+1.5)]m=8.3m

总工程量:(10.2+12.4+8.3)m=30.9m

(3)钢管 G50 明配工程量

N_6:[3(木制配电箱和滑触线支架间的距离)+[5.5(②柱标高)-1.5(木制配电箱安装高度)-0.3(配电箱的高)]+0.5(②柱标高处接一弯管的长度)]m=7.2m

(4)金属软管 G20 的安装工程量

设备Ⅰ处接 G20 的金属软管长度为0.7m,排烟装置处接 G20 的金属软管长度为0.7m。

总工程量:(0.7+0.7)m=1.4m

(5)金属软管 G50 的安装工程量

设备Ⅱ处接 G50 金属软管长度为0.7m。

3.电缆敷设工程量

(1)电缆(VV-3×16+1×10)敷设工程量

N_4:[12.4(配管的总长度)+2.0(电缆进建筑物的预留长度)+1.0(连接设备的预留长度)]m=15.4m

(2)控制电缆(KVV-4×25)敷设工程量

N_3:[18.8(配管总长度)+2.0(电缆进建筑物预留长度)+1.0(连接排烟装置的预留长度)]m=21.8m

4. 配线工程量

(1)16mm² 导线穿管敷设工程量

N_1：[10.2(配管长度) + (0.6 + 0.4)(动力箱宽 + 高) + (0.5 + 0.4)(照明箱宽 + 高)]m × 3(穿 3 根线) = 36.3m

同理：N_5：[8.3 + (0.6 + 0.4) + (0.4 + 0.3)]m × 3 = 30m

N_6：[7.2 + (0.4 + 0.3) + 1.5(与滑触线连接预留)]m × 3 = 28.2m

总工程量：(36.3 + 30 + 28.2)m = 94.5m

(2)10mm² 导线穿管敷设工程量

N_1：[10.2 + (0.6 + 0.4) + (0.5 + 0.4)]m × 1 = 12.1m

N_5：[8.3 + (0.6 + 0.4) + (0.4 + 0.3)]m × 1 = 10.0m

总工程量：(12.1 + 10)m = 22.1m

(3)4mm² 导线穿管敷设工程量

N_2：[10.4 + (0.6 + 0.4) + 1.0(与设备 I 连接预留长度)]m × 3 = 37.2m

5. 电缆终端头制安工程量

(1)户内干包式 120mm²

N_4 连接的两端各 1 个　(1 + 1)个 = 2 个

(2)户内干包式 6 芯以下

N_3 连接的两端各 1 个　(1 + 1)个 = 2 个

6. 滑触线安装工程量

[2.5 × 5(滑触线长度) + (1 + 1)(两端预留量)]m × 3 = 43.5m

7. 滑触线支架制作工程量

[3.77 × (0.8 + 0.5 × 3)(长度)kg × 6(6 副)]kg = 52.03kg

8. 滑触线支架安装

6 副

9. 滑触线指示灯安装

两端各 1 套　共 2 套

清单工程量计算见表3-12。

表 3-12　清单工程量计算表

序号	项目编码	项目名称	项目特征描述	计量单位	工程量
1	030404017001	配电箱	动力配电箱 600mm × 400mm × 300mm 照明配电箱 500mm × 400mm × 250mm	台	2
2	DB001	木配电板	木质配电板制作 400mm × 300mm × 250mm	m²	0.12
3	DB002	木配电板	木质配电板安装 400mm × 300mm × 250mm	块	1
4	030411001001	配管	钢管暗配 G20	m	29.20
5	030411001002	配管	钢管暗配 G50	m	30.90
6	030411001003	配管	钢管明配 G50	m	7.20
7	030411001004	配管	金属软管 G20	m	1.40
8	030411001005	配管	金属软管 G50	m	0.70

序号	项目编码	项目名称	项目特征描述	计量单位	工程量
9	030408001001	电力电缆	电缆敷设 VV－3×16＋1×10	m	15.40
10	030408002001	控制电缆	控制电缆敷设 KVV－4×25	m	21.80
11	030411004001	配线	导线穿管敷设 16mm²	m	94.50
12	030411004002	配线	导线穿管敷设 10mm²	m	22.10
13	030411004003	配线	导线穿管敷设 4mm²	m	37.20
14	030407001001	滑触线	滑触线安装 L40×40×4	m	43.50
15	030412001001	普通灯具	滑触线指示灯安装	套	2

项目编码:030407001 **项目名称:滑触线**

项目编码:030408001 **项目名称:电力电缆**

【例8】 某车间电气动力安装工程如图3-3-3所示:

1)动力箱、照明箱均为定型配电箱,嵌墙暗装,箱底标高为＋1.4m。木制配电板现场制作后挂墙明装,底边标高＋1.5m,配电板上仅装置一铁壳开关。

2)所有电缆、导线均穿钢保护管敷设。保护管除 N_6 为沿墙、柱明配外,其他均为暗配,埋地保护管标高为－0.2m。N_6 自配电板上部引至滑触线的电源配管,在②柱标高＋6.0m处,接一长度为0.5m的弯管。

3)两设备基础面标高＋0.3m,至设备电机处的配管管口高出基础面0.2m,至排烟装置处的管口标高为＋6.0m,均连接一根长0.8m同管径的金属软管。

4)电缆计算预留长度时不计算电缆敷设驰度、波形变度和交叉的附加长度。连接各设备处电缆、导线的预留长度为1.0m,与滑触线连接处预留长度为1.5m。电缆头为户内干包式,其附加长度不计。

5)滑触线支架150mm×50mm×5mm,每米重3.77kg,采用螺栓固定;滑触线(40×40×4,每米重2.422kg)两端设置指标灯。

6)图中管路旁括号内数字表示该管的平面长度。

问题:①计算工程量并套用相关定额列表;②列出清单

【解】 (1)基本工程量

①配电箱安装　　　　　　　2台　　注:1台照明配电箱、1台动力配电箱

②木制配电板安装　　　　　1块

③木制配电板制作　　　　　0.12m²　　0.4m×0.3m＝0.12m²

【注释】 在图3-6中,木制配电板的尺寸为400mm×300mm×25mm,故其面积为0.4m×0.3m＝0.12m²。

④钢管暗 G20　　　　　　　27.1m

注:N2:[7＋0.2＋1.4＋0.2＋0.3＋0.2]m＝9.3m

【注释】 7为动力配电箱到设备1的距离;0.2为埋地保护管的标高;1.4为动力配电箱箱底的标高,也即G20由动力配电箱到地面的竖直高度;0.2为埋地保护管的标高;0.3为两设备基础面的标高;0.2为设备电机处的配管管口高出基础面的高度。

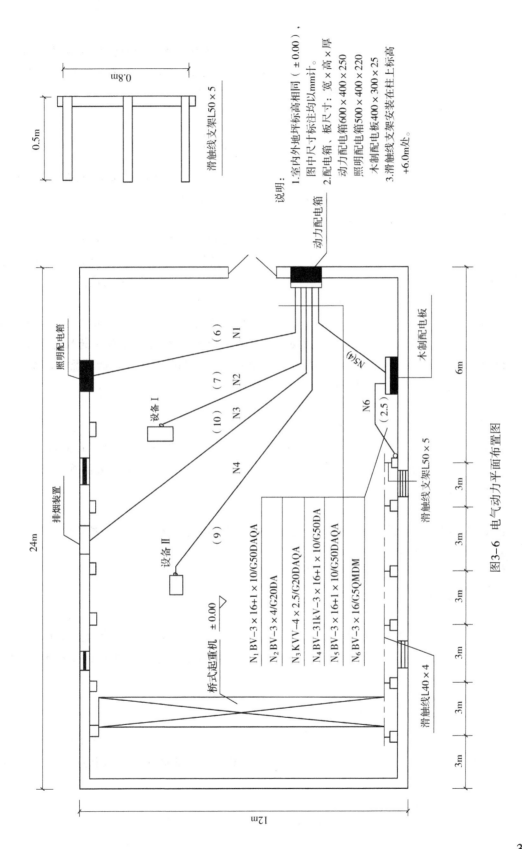

图3-6 电气动力平面布置图

说明：
1.室内外地坪标高相同（±0.00），图中尺寸标注均以mm计。
2.配电箱、板尺寸：宽×高×厚
  动力配电箱600×400×250
  照明配电箱500×400×220
  木制配电板400×300×25
3.滑触线支架安装在柱上标高 +6.0m处。

动力配电箱

照明配电箱

排烟装置

设备I

设备II

N1　（6）
N2　（7）
N3　（10）
N4　（9）
N5(4)
N6　（2.5）

木制配电板

滑触线支架L50×5

桥式起重机　±0.00

滑触线L40×4

N₁ BV–3×16+1×10/G50DAQA
N₂ BV–3×4/G20DA
N₃ KVV–4×2.5/G20DAQA
N₄ BV–31kV–3×16+1×10/G50DA
N₅ BV–3×16+1×10/G50DAQA
N₆ BV–3×16/G5QMDM

24m
12m
3m 3m 3m 3m 3m 3m 3m
6m

0.8m
0.5m
滑触线支架L50×5

$N_3:[10+0.2+1.4+0.2+6.0]m=17.8m$

【注释】 10 为动力配电箱到排烟装置的距离;0.2 为埋地保护管的标高;1.4 为动力配电箱箱底的标高,也即 G20 由动力配电箱到地面的竖直高度;0.2 为埋地保护管的标高;6.0 为滑触线支架安装的标高,即从地面到排烟装置滑触线的竖直距离。

共$(9.3+17.8)m=27.1m$

⑤钢管暗配 G50

$N_1:[6+(0.2+1.4)\times2]m=9.2m$

【注释】 6 为动力配电箱到照明配电箱的距离;0.2 为埋地保护管标高;1.4 为动力配电箱和照明配电箱的距地高度;$(0.2+1.4)\times2$ 为总的竖直高度。

$N_4:[9+0.2+1.4+0.2+0.3+0.2]m=11.3m$

【注释】 9 为动力配电箱到设备 2 的距离;0.2 为埋地保护管的标高;1.4 为动力配电箱箱底的标高,也即 N_4 回路中 G50 由动力配电箱到地面的竖直高度;0.2 为埋地保护管的标高;0.3 为两设备基础面的标高;0.2 为设备电机处的配管管口高出基础面的高度。

$N_5:[4+0.2+1.4+0.2+1.5]m=7.3m$

【注释】 4 为动力配电箱到木制配电板的距离;0.2 为埋地保护管的标高;1.4 为动力配电箱箱底的标高,也即 N_5 回路中 G50 由动力配电箱到地面的竖直高度;0.2 为埋地保护管的标高;1.5 为木制配电板底的标高,也即 N_5 回路中 G50 由木制配电板到地面的竖直高度。

共$(9.2+11.3+7.3)m=27.8m$

⑥钢管明配 G50

$N_6:[2.5+6-1.5-0.3+0.5]m=7.2m$

【注释】 2.5 为从木制配电板引至滑触线的电源配管的水平长度;$(6-1.5-0.3)$ 为钢管明配 G50 的竖直长度;其中 6 为②柱连接处的标高,也即滑触线支架安装高度;1.5 为木制配电板的标高;0.3 为木制配电板的宽度;0.5 为弯管的长度。

⑦金属软管 G20 $(0.8+0.8)m=1.6m$

【注释】 动力配电箱至两个设备均连接一根长 0.8m 同管径 G20 的金属软管。

⑧金属软管 G50 0.8m

【注释】 动力配电箱至排烟装置连接一根长 0.8m 同管径 G50 的金属软管。

⑨电缆敷设 $VV-3\times16+1\times10$

$N_4:(11.3+2.0+1.0)m=14.3m$

【注释】 11.3 为 N_4 回路配管长度,即电缆 $VV-3\times16+1\times10$ 在管内敷设的总长度;2.0 为电缆终端头的预留长度,每端 1.0,共 2.0;1.0 为连接各设备电缆的预留长度,N_4 连接设备 1 一个设备,预留 1.0。

⑩控制电缆敷设 $KVV-4\times25$

$N_3:(17.8+2.0+1.0)m=20.8m$

【注释】 17.8 为 N_3 回路配管长度,即控制电缆 $KVV-4\times25$ 在管内敷设的总长度;2.0 为电缆终端头的预留长度,每端 1.0,共 2.0;1.0 为连接各设备电缆的预留长度,N_4 连接设备 1 一个设备,预留 1.0。

⑪导线穿管敷设 $16mm^2$

$N_1:(9.2+0.6+0.4+0.5+0.4)\times3m=33.3m$

【注释】 9.2 为 N_1 回路中导线穿管敷设 $16mm^2$ 在管内敷设的净长度;$(0.6+0.4)$ 为 $16mm^2$ 导线与动力配电箱 $600mm×400mm×250mm$ 连接的预留长度,长 + 宽;$(0.5+0.4)$ 为 $16mm^2$ 导线与照明配电箱 $500mm×400mm×220mm$ 连接的预留长度,长 + 宽;3 为导线根数。

N_5:$(7.3+0.6+0.4+0.4+0.3)×3m=27m$

【注释】 7.3 为 $N5$ 回路中导线穿管敷设 $16mm^2$ 在管内敷设的净长度;$(0.6+0.4)$ 为 $16mm^2$ 导线与动力配电箱 $600mm×400mm×250mm$ 连接的预留长度,长 + 宽;$(0.4+0.3)$ 为 $16mm^2$ 导线与木制配电箱 $400mm×300mm×25mm$ 连接的预留长度,长 + 宽;3 为导线根数。

N_6:$(7.2+0.4+0.3+1.5)×3m=28.2m$

【注释】 7.2 为 $N6$ 回路中导线穿管敷设 $16mm^2$ 在管内敷设的净长度;$(0.4+0.3)$ 为 $16mm^2$ 导线与木制配电箱 $400mm×300mm×25mm$ 连接的预留长度,长 + 宽;1.5 为 $16mm^2$ 导线与滑触线连接处的预留长度;3 为导线根数。

共:$(33.3+27+28.2)m=88.5m$

⑫导线穿管敷设 $10mm^2$

N_1:$(9.2+0.6+0.4+0.5+0.4)m=11.1m$

【注释】 9.2 为 N_1 回路中导线穿管敷设 $10mm^2$ 在管内敷设的净长度;$(0.6+0.4)$ 为 $10mm^2$ 导线与动力配电箱 $600mm×400mm×250mm$ 连接的预留长度,长 + 宽;$(0.5+0.4)$ 为 $10mm^2$ 导线与照明配电箱 $500mm×400mm×220mm$ 连接的预留长度,长 + 宽。

N_5:$(7.3+0.6+0.4+0.4+0.3)m=9m$

【注释】 7.3 为 N_5 回路中导线穿管敷设 $10mm^2$ 在管内敷设的净长度;$(0.6+0.4)$ 为 $10mm^2$ 导线与动力配电箱 $600mm×400mm×250mm$ 连接的预留长度,长 + 宽;$(0.4+0.3)$ 为 $10mm^2$ 导线与木制配电箱 $400mm×300mm×25mm$ 连接的预留长度,长 + 宽。

则共 $(11.1+9)m=20.1m$

⑬导线穿管敷设 $\phi4mm^2$

N_2:$[9.3+0.4+0.6+1.0]×3m=33.9m$

【注释】 9.3 为 N_2 回路中导线穿管敷设 $4mm^2$ 在管内敷设的净长度;$(0.6+0.4)$ 为 $4mm^2$ 导线与动力配电箱 $600mm×400mm×250mm$ 连接的预留长度,长 + 宽;1.0 为连接设备导线的预留长度,连接设备 1 个设备,故预留 1.0。3 为导线根数。

⑭电缆终端头制作户内干包式 $10mm^2$ 2 个

⑮电缆终端头制作户内干包式 $4mm^2$ 2 个

⑯滑触线安装 $L40×40×4$ 51m   注:$(3×5+1+1)×3m=51m$

⑰滑触线支架制作 $L50×50×5$

$3.77×(0.8+0.5×3)×6kg=52.03kg$

【注释】 3.77 为滑触线支架 $L50×50×5$ 每米的重量;

$(0.8+0.5×3)$ 为单个滑触线支架 $L50×50×5$ 的长度,具体尺寸见滑触线支架示意图,其中 0.8 为 $L50×50×5$ 的长度,0.5 为横向 $L50×50×5$ 的长度,3 为横向 $L50×50×5$ 的个数;6 为滑触线支架的个数。

⑱滑触线支架安装 $L50×50×5$ 6 副

⑲滑触线指示灯安装   2 套

（2）清单工程量

清单工程量计算见表3-13。

表3-13 清单工程量计算表

序号	项目编码	项目名称	项目特征描述	计量单位	工程数量
1	030404017001	配电箱	定型配电箱	台	2
2	030408002001	控制电缆	穿钢保护管敷设	m	20.80
3	030408001001	电力电缆	穿钢保护管敷设	m	14.30
4	030407001001	滑触线	L40×40×4,每米重2.422kg	m	51.00

（3）定额工程量

定额工程量计算见表3-14。

表3-14 定额计算表

序号	定额编号	工程项目	单位	数量	其中:/元 人工费、材料费、机械费
1	2-263	配电箱安装	台	2	①人工费:34.83 元/台 ②材料费:31.83 元/台
2	2-372	木制配电板制作	m²	0.12	①人工费:31.11/m² ②材料费:65.86 元/m²
3	2-376	木制配电板安装	块	1	①人工费:13.93 元/m² ②材料费:8.99 元/m² ③机械费:1.78 元/m²
4	2-491	滑触线安装(角钢)	100m	0.51	①人工费:417.96 元/100m ②材料费:119.83 元/100m ③机械费:39.24 元/100m
5	2-539	电缆保护管敷设(钢管)	10m	6.45	①人工费:130.50 元/10m ②材料费:100.54 元/10m ③机械费:10.70 元/10m
6	2-504	滑触线支架安装	10 副	0.6	①人工费:81.27 元/10 副 ②材料费:988.32 元/10 副
7	2-508	滑触线指示灯安装	10 套	0.2	①人工费:5.80 元/10 副 ②材料费:39.49 元/10 副 ③机械费:0.71 元/10 副
8	2-619	电缆敷设	100m	0.14	①人工费:294.20 元/100m ②材料费:272.27 元/100m ③机械费:36.04 元/100m
9	2-626	电缆终端头制作户内干包式 4mm²	个	2	①人工费:12.77 元/个 ②材料费:67.14 元/个
10	2-626	电缆终端头制作户内干包式 16m²	个	2	①人工费:12.77 元/个 ②材料费:67.14 元/个

序号	定额编号	工程项目	单位	数量	其中:/元
					人工费、材料费、机械费
11	2－673	控制电缆敷设	100m	0.21	①人工费:107.28 元/100m ②材料费:55.97 元/100m ③机械费:5.06 元/100m
12	2－1202	导线穿管敷设,动力线路铜芯 16mm²	100m	0.89	①人工费:25.54 元/100m ②材料费:25.47 元/100m 注:不含主要材料费用
13	2－1201	导线穿管敷设、动力线路铜芯 10mm²	100m	0.20	①人工费:22.06 元/100m ②材料费:24.44 元/100m 注:不含主要材料费用

3.4 电机、电缆及滑触线装置安装清单与定额工程量计算规则的联系与易错点

1. 联系

（1）蓄电池

清单工程量计算规则与定额工程量计算规则均是按设计图示数量以"个"为单位计算。

（2）电机

清单工程量计算规则与定额工程量计算规则均是按设计图示数量计算。

（3）电缆保护管

清单工程量计算规则与定额工程量计算规则均是按设计图示尺寸以长度计算。

2. 易错点

（1）滑触线

清单工程量计算规则:按设计图示单相长度计算,单位为"m"。

定额工程量计算规则:滑触线安装以"m/单相"为计量单位。

（2）电缆保护管

电缆保护管的定额工程量计算规则中:电缆保护管长度,除按设计规定长度计算外,遇有下列情况,应按以下规定增加保护管长度。

1）横穿道路,按路基宽度两端各增加 2m。

2）垂直敷设时,管口距地面增加 2m。

3）穿过建筑物外墙时,按基础外缘以外增加 1m。

4）穿过排水沟时,按沟壁外缘以外增加 1m。

（3）电缆桥架

清单工程量计算规则:按设计图示尺寸以长度计算,计量单位为"m"。

定额工程量计算规则:以"10m"为计量单位。

（4）电机计量单位

定额工程量的计量单位均为"台",清单中除"电动机组"、"备用励磁机组"的计量单位为"组"外,其他电机检查接线及调试的计量单位为"台"。

（5）电机定额的界线划分

小型电机按电机类别和功率大小执行相应定额,大、中型电机不分类别,一律按电机重量执行相应定额。

(6)电机的工作内容

电机的清单项目工作内容已包含:检查接线(包括接地)、干燥、调试。

本章的电机检查接线定额,除发电机和调相机外,均不包括电机干燥,发生时其工程量应按电机干燥定额另行计算。电机干燥定额是按一次干燥所需的工、料、机消耗量考虑的,在特别潮湿的地方,电机需要进行多次干燥,应按实际干燥次数计算。在气候干燥、电机绝缘性能良好、符合技术标准而不需要干燥时,则不计算干燥费用。实行包干的工程,可参照以下比例,由有关各方协商而定。

1)低压小型电机 3kW 以下按 25% 的比例考虑干燥。

2)低压小型电机 3kW 以上至 220kW 按 30% 的比例考虑干燥。

3)大、中型电机按 100% 考虑一次干燥。

第4章 防雷及接地装置

4.1 总说明

防雷及接地装置主要分三部分:接地装置、避雷装置、半导体少长针消雷装置。本章主要介绍接地装置、避雷装置的工程量计算,计算的依据:清单工程量计算以《通用安装工程工程量计算规范》(GB 50856 – 2013)为依据;定额工程量则以《全国统一安装工程预算定额》第二册 电气设备安装(GYD – 202 – 2000)为依据,两者区分清晰、内容明确。最后一节的清单工程量计算规则与定额工程量计算规则的难点汇总,更有助于读者学习。

4.2 接地装置

项目编号:030414011 项目名称:接地装置

【例1】 某建筑防雷及接地装置如图4-1~4-4所示。根据图示,计算工程量,并列出工程量清单。

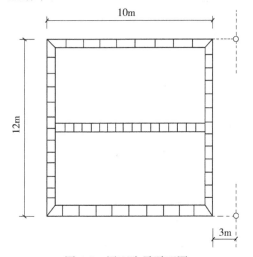

图4-1 屋面防雷平面图

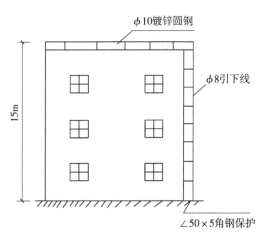

图4-2 引下线安装图

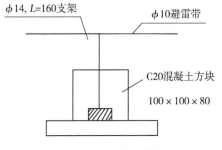

图4-3 避雷带安装图

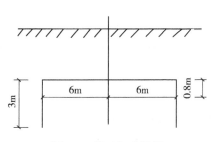

图4-4 接地极安装图

【解】 (1)基本工程量

1)避雷带线路长度为$(12 \times 2 + 10 \times 2)$m $= 44$m

注:避雷带沿着屋顶周围装设,图4-1中,12为建筑物的长度,10为建筑物的宽度,$(12 \times 2 + 10 \times 2)$为建筑物顶矩形的周长。

避雷网除沿着屋顶周围装设外,在屋顶上还用圆钢或扁钢纵横连接成网。在房屋的沉降处应多留$100 \sim 200$mm。

2)避雷引下线 $[(15+1) \times 2 - 2 \times 2)]$m $= 28$m

【注释】 图4-2中,$(15+1) \times 2$中15为建筑物的高度,1为引下线埋地深度,2为引下线的个数;2×2中2为断接卡箱距地面的高度,2为引下线的个数。

3)接地极挖土方:$(3.0 \times 2 + 6 \times 4) \times 0.36$m^3 $= 10.8$m^3

【注释】 $(3.0 \times 2 + 6 \times 4)$为挖土坑的总的长度,图4-4中可见各个尺寸;$0.36$m^{3}为每米土方的挖土体积量。

4)接地极制作安装:2根($\phi 50$, $l = 25$m 钢管)

【注释】 图4-4中可看出接地极的个数为2根。

5)接地母线埋设:$(3.0 \times 2 + 6 \times 4 + 0.8 \times 2 + 4 \times 0.5)$m $= 33.6$m

【注释】 $(3.0 \times 2 + 6 \times 4)$为图4-4中接地母线埋设的总长度,根据接地干线的末端必须高出地面0.5m的规定,所以接地母线加上0.5m,0.8为竖直长度。

6)断接卡子制作安装:2×1 个 $= 2$ 个

【注释】 2为引下线的个数,1为单根引下线的断接卡子制作的个数。

7)断接卡子引线:2×1.5m $= 3$m

【注释】 2为引下线的个数,1.5为单根断接卡子引线的长度。

8)混凝土块制作:

避雷带线路总长/1(混凝土块间隔) $= 44/1$ 个 $= 44$ 个

9)接地电阻测验 2次

(2)清单工程量

清单工程量计算见表4-1。

表4-1 清单工程量计算表

序号	项目编码	项目名称	项目特征描述	计量单位	工程量
1	030409005001	避雷网	避雷网沿屋顶周围敷设,圆钢或扁钢连成网	m	44
2	030414011001	接地装置	接地母线埋设	组	1

(3)定额工程量

1)避雷网安装 套用预算定额 2-748

①人工费:21.36 元/10m $\times 44$m $= 93.98$ 元

②材料费:11.41 元/10m $\times 44$m $= 50.20$ 元

③机械费:4.64 元/10m $\times 44$m $= 20.42$ 元

2)避雷引下线 套用预算定额 2-747

①人工费:83.59 元/10m $\times 24$m $= 200.62$ 元

②材料费:36.14 元/10m $\times 24$m $= 86.74$ 元

③机械费:0.15 元/10m×24m=0.36 元

4)接地极制作安装 套用预算定额 2-688

①人工费:14.40 元/根×2 根=28.80 元

②材料费:3.23 元/根×2 根=6.46 元

③机械费:9.63 元/根×2 根=19.26 元

5)接地母线敷设 套用预算定额 2-697

①人工费:70.82 元/10m×33.6m=237.96 元

②材料费:1.77 元/10m×33.6m=5.95 元

③机械费:1.43 元/10m×33.6m=4.80 元

项目编码:030414011 项目名称:接地装置

【例2】 某建筑物地基周圈接地极用 14 根 φ25 钢筋,列项并计算工程量。

【解】 (1)清单工程量

清单工程量计算见表 4-2。

表 4-2 清单工程量计算表

项目编码	项目名称	项目特征描述	计量单位	工程量
030414011001	接地装置	建筑物地基周围接地极,用 14 根 φ25 钢筋	组	1

(2)定额工程量

定额工程量计算见表 4-3。

表 4-3 工程量计算表

定额编号	工程项目	单位	工程量
4-5	φ25 三根地极安装	组	4
4-6	每增一根地极	根	2

14/3=4 余 2

当建筑物接地极不是按"组"设计,而是沿建筑物的基础周圈连成闭环接地母线时,一般每 5m 设一个接地极,这时将接地极总数除以 3,作为套定额"三根地极"的工程量。用 3 除不尽的余数套定额"每增加一根"的工程量。

项目编码:030414011 项目名称:接地装置

【例3】 某工程设计图示有一教学楼,高 20m,长 30m,宽 15m,屋顶四周装有避雷网,沿折板支架敷设,分 4 处引下与接地网连接,设 4 处断接卡。地梁中心标高 -0.5m,土质为普通土。避雷网采用 φ10 的镀锌圆钢,引下线利用建筑物柱内主筋(二根),接地母线为 40×4 的镀锌扁钢,埋设深度为 0.8m,接地极共 6 根,为 50mm×5m×2.5m 的镀锌角钢,距离建筑物 3m,如图 4-5 所示,编制该避雷接地工程的分部分项工程量清单。

【释义】 接地极制作安装以"根"为计量单位,其长度按设计长度计算,设计无规定时,每根长度按 2.5m 计算;若设计有管帽时,管帽另按加工件计算。

接地母线敷设,按设计长度以"m"为计量单位计算工程量。接地母线、避雷线敷设,均按延长米计算,其长度按施工图设计水平和垂直规定长度另加 3.9% 的附加长度计算。

【解】 (1)清单工程量

避雷网敷设(φ10 的镀锌圆钢):(30+15)×2m=90m

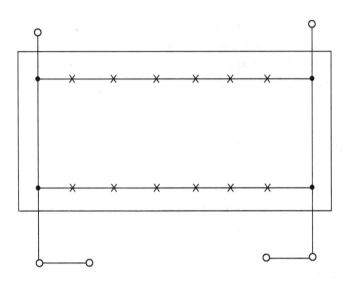

图 4-5　教学楼避雷装置安装图

【注释】　避雷网沿建筑物四周敷设,其长度为建筑物的周长,30 为建筑物的长,15 为建筑物的宽。

引下线敷设(利用建筑物柱内主筋二根):$(20 + 0.1 + 0.4) \times 4m = 82m$

【注释】　20 为引下线沿建筑物敷设的长度,0.1 为地面以下引下线的长度,即地梁中心的标高,4 为引下线的个数。

断接卡子制作、安装　4 套

接地极制作、安装($50 \times 5 \times 2.5m$ 的镀锌角钢)　6 根

接地母线敷设 $L40 \times 4$ 的镀锌扁钢

$\{[(30 + 6) + (15 + 6)] \times 2 + 3 \times 4 + (0.8 - 0.4) \times 4\}m = 127.6m$

【注释】　6 为接地母线距建筑物的距离,接地母线围绕建筑物 6m 意外敷设一周,故其周长为 $[(30 + 6) + (15 + 6)] \times 2$;3 为接地母线与引下线连接的水平长度,4 为引下线的个数;$(0.8 - 0.4) \times 4$ 为接地母线与引下线连接的竖直长度,0.8 为接地母线的埋设深度,0.4 为地面以下引下线的长度,即地梁中心的标高,4 为引下线的个数。

(2)清单工程量

清单工程量计算见表 4-4。

表 4-4　清单工程量计算表

序号	项目编码	项目名称	项目特征描述	计量单位	工程量
1	030414011001	接地装置	接地母线敷设 $L40 \times 4$ 的镀锌扁钢	组	1
2	030409005001	避雷网	避雷网敷设($\phi10$ 的镀锌圆钢)接地极制作、安装($50 \times 5 \times 2.5m$ 的镀锌角钢)	m	90

(3)定额工程量

1)避雷线敷设:9(10m)

套用预算定额　2 - 748

①人工费:21.36 元/10m

②材料费:11.41 元/10m

③机械费:4.64 元/10m

2)避雷引下线敷设:8.2(10m)

套用预算定额 2－746

①人工费:19.04 元/10m

②材料费:5.45 元/10m

③机械费:22.47 元/10m

3)断接卡子制作、安装:0.4(10 套)

4)接地极制作安装:6(根)

套用预算定额 2－690

①人工费:11.15 元/根

②材料费:2.65 元/根

③机械费:6.42 元/根

5)接地电阻测验:4(次)

项目编码:030414011   项目名称:接地装置

【例4】 某防雷接地系统及装置图如图 4-6～图 4-9 所示。

图中说明如下:

(1)工程采用避雷带作防雷保护,其接地电阻不大于 20Ω。

(2)防雷装置各种构件经镀锌处理,引下线与接地母线采用螺栓连接;接地体与接地母线采用焊接,焊接处刷红丹一道,沥青防腐漆两道。

(3)接地体埋地深度为 2500mm,接地母线埋设深度为 800mm。

试计算其工程量。

【解】 定额工程量计算如下:

(1)接地极制作安装

L50×50×5 $L=2500mm$ 6 根

【注释】 图 4-6 中左右两端各 3 个接地极,共 6 个。

(2)接地母线敷设

$-25×4$:$(1.4×2+2.5×2+10×2)m=27.80m$

【注释】 1.4 为厚保护槽板的接地母线距地高度,2.5 为引下线与接地极连接的接地母线的长度,10 为两个接地极之间的接地母线的总长度,左右对称,故乘以 2。

(3)避雷带敷设

$\phi10$:$(9.20×2+12.5×2)m=43.40m$

【注释】 上式为屋顶上端避雷带 $\phi10$ 的敷设长度,9.20 为教学楼的总宽度,12.5 为教学楼的总长度。

$\phi14$:$0.16×42m=6.72m$

【注释】 0.16 为单个支架 $\phi14$ 的长度,见图 4-8,42 为总的支架的个数,见图 4-6 中的支架个数。

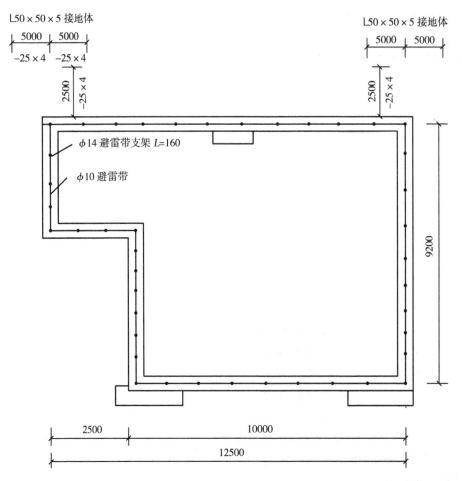

图 4-6　屋面防雷平面图

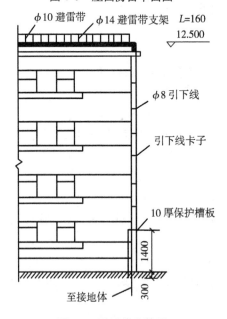

图 4-7　引下线安装图

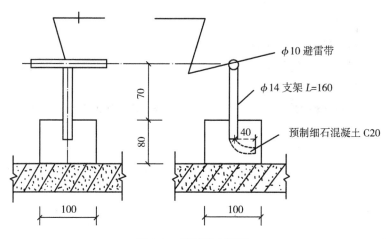

图 4-8 避雷带安装图

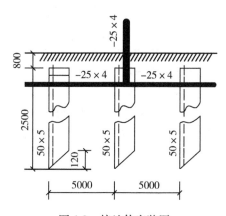

图 4-9 接地体安装图

（4）引下线安装

$\phi 8:(12.50-1.40)\times 2m=11.10\times 2m=22.20m$

【注释】 12.50 为该教学楼的高度,1.40 为厚保护槽板的接地母线距地高度,2 为引下线的个数。

（5）接地跨接线安装 2 处

（6）混凝土块制作安装 $100\times 100\times 80$ 42 个

【注释】 每个支架需安装 1 个混凝土块,故混凝土块制作安装的数量为 42 个。

（7）接地极电阻试验有 2 个系统。

清单工程量计算见表 4-5。

表 4-5 清单工程量计算表

序号	项目编码	项目名称	项目特征描述	计量单位	工程量
1	030414011001	接地装置	接地体与接地母线采用焊接	系统	2
2	030409003001	避雷引下线	防雷装置各种构件镀锌处理,引入线与接地母线采用螺栓连接	m	22.20
3	030414011002	接地装置	接地极电阻试验	系统	2

45

4.3 避雷装置

项目编码:030409005　　**项目名称:避雷网**

【例5】 有一高层建筑物层高3m,檐高108m,外墙轴线总周长88m,求均压环焊接工程量和设在圈梁中避雷带的工程量。

【解】 因为均压环焊接每3层焊一圈,即每9m焊一圈,因此30m以下可以设3圈,即88 × 3m = 264m

【注释】 88为外墙轴线总周长,也即均压环的一圈总长度。

三圈以上(即3m×3层×3圈 = 27m以上)每两层设1个避雷带,工程量为:

(108 − 27)/(3×2)圈 ≈ 13圈

88 × 13m = 1144m

清单工程量计算见表4-6。

表4-6　清单工程量计算表

项目编码	项目名称	项目特征描述	计量单位	工程量
030409005001	避雷网	在圈梁中设避雷带	m	1144

项目编码:030409004　　**项目名称:均压环**

项目编码:030409005　　**项目名称:避雷网**

【例6】 有一层塔楼檐高70m,层高3m,外墙轴一周长为80m,有避雷网格长20m,30m以上有钢窗80樘。有6组接地极,ϕ18,每组4根,求:①均压环焊接工程量;②避雷网的工程量;③列防雷部分电气概算项目。

【解】 (1)基本工程量

1)均压环焊接工程量:

80m×3圈 = 240m

【注释】 因为均压环焊接每3层焊一圈,即每9m焊一圈,因此30m以下可以设3圈,即80 ×3。

2)避雷带的工程量:

(70m − 27m) ÷ 6m ≈ 8圈

80m × 8 = 640m

【注释】 三圈以上(即3m×3层×3圈 = 27m以上)每两层设1个避雷带,工程量为:

(70 − 27)/(3×2)圈 ≈ 8圈

注:均压环焊接指的是高层建筑为了防止侧向电击,要求从首层起向上至30m以下,每三层将圈梁水平钢筋与引下线焊接在一起,均压环焊接工程量的计算方法是将建筑物外墙轴线的周长乘以圈数。30m以下焊接三圈均压环。

3)防雷部分电气概算见表4-7。

表4-7　电气概算表

序号	定额	项目	单位	数量
1	4 − 38	避雷网安装	m	108
2	4 − 36	均压环焊接	m	240

序号	定　额	项　目	单　位	数　量
3	4 - 26	接地母线（侧避雷网）	m	640
4	4 - 2	接地极 $\phi18$，四根一组	组	6
5	4 - 3	每增加一根接地极	根	6
6	4 - 37	钢窗接地线	樘	80
7	4 - 41	利用结构主筋作引下线	m	456

（2）清单工程量

清单工程量计算见表4-8。

表4-8　清单工程量计算表

项目编码	项目名称	项目特征描述	计量单位	工程量
030409005001	避雷网	避雷网格长20m	m	640
030409004001	均压环		m	240

（3）定额工程量

1）与2）用定额计算与清单一样，本题定额计算见表4-7。

项目编码：030409004　项目名称：避雷装置、均压环

【例7】　有一高层建筑物高3m，檐高96m，外墙轴线总周长为80m，求均压环焊接工程量和设在圈梁中的避雷带的工程量。

【释义】　均压环敷设以"m"为单位计算，主要考虑利用圈梁内主筋作均压环接地连线，焊接按两根主筋考虑，超过两根时，可按比例调整。长度按设计需要做均压接地的圈梁中心线长度，以延长米计算。

圈梁在墙体内沿墙四周布置的钢筋混凝土梁，用以提高墙体的整体刚度和抗震烈度。一般是每一层设置一道圈梁。

【解】　（1）基本工程量

因为均压环焊接每3层焊一圈，即每9m焊一圈，因此30m以下可以设3圈，即 3×80m = 240m

三圈以上（即3m×3层×3圈=27m以上）每两层设避雷带，工程量为：

（96 - 27）÷6圈 = 11圈　80×11m = 880m

（2）清单工程量

清单工程量计算见表4-9。

表4-9　清单工程量计算表

项目编码	项目名称	项目特征描述	计量单位	工程量
030409004001	避雷装置、均压环	利用圈梁内主筋作均压环接地连线	m	240

（3）定额工程量

1）均压环焊接工程量为24m（10m）

2）设在圈梁中的避雷带的工程量为88（10m）

套用预算定额　2 - 751

①人工费:9.29 元/10m

②材料费:1.74 元/10m

③机械费:6.24 元/10m

项目编码:030414011 项目名称 接地装置

项目编码:030409005 项目名称 避雷网

【例8】 如图4-10所示,长52m,宽30m,高26m的某小区的某幢职工楼在房顶上安装避雷网(用混凝土块敷设),3处引下线与一组接地极(5根)连接,试计算工程量及套用定额。(全国统一安装工程预算定额)

【解】 (1)基本工程量

1)避雷网线路长

$(52 \times 2 + 30 \times 2) m = 164m$

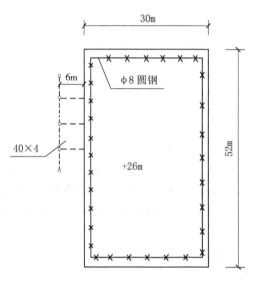

图4-10 避雷网

【注释】 避雷网沿着屋顶周围装设外,在屋顶上面还用圆钢或扁钢纵横连接成网。在房屋的沉降处应多留 100～200mm,避雷网必须经1～2根引下线与接地装置可靠地连接。

2)避雷引下线

$[(1 + 26) \times 3 - 2 \times 3] m = 75m$

【注释】 接地引下线:它是将接受的雷电流引向地下装置的导线体,一般用φ6以上的圆钢制作,其位置根据建筑物的大小和形状由设计决定,一般不少于两根。式中26为建筑物高度,1为从屋顶向下引应预留的长度,且有3根引下线;引下线从屋顶往下引时,不一定是从建筑物最高处向下引,应减去2m。

3)接地极挖土方

$(6 \times 3 + 6 \times 4) \times 0.36m^3 = 15.12m^3$

【注释】 引下线与接地极,接地极与接地极之间都需连接,共挖了7个沟,每个沟长度为6m,且每米的土方量为 $0.36m^3$。

4)接地极制作安装 5根(钢管 φ50, $L = 25m$)

5)接地母线埋设

$(6 \times 4 + 0.5 \times 2 + 6 \times 3 + 0.8 \times 3) m = 45.40m$

【注释】 接地母线包括接地极之间的连接线以及与各设备的连接线。式中0.8是引下线与接地母线相接时接地母线应预留的长度。根据接地干线的末端必须高出地面0.5的规定,所以接地母线加上0.5,6为接地母线中每段的长度,共7段母线。

6)断接卡子制作安装 3×1 套 = 3套

注:每根引线有一套断接卡子。

7)断接卡子引线 $3 \times 1.5m = 4.5m$

【注释】 根据《全国统一安装工程预算定额》中规定:距地1.5m处设断接卡子,则断接卡子引线为1.5m,有3根。

8）混凝土块制作

避雷网线路总长÷1（混凝土块间隔）＝164÷1个＝164个

9）接地电阻测验1次

（2）清单工程量

清单工程量计算见表4-10。

表4-10　清单工程量计算表

项目编码	项目名称	项目特征描述	计量单位	工程量
030414011001	接地装置	3处引下与一组接地极（5根）连接	项	1
030409005001	避雷网	避雷网（用混凝土块敷设）	m	164

（3）定额工程量

1）避雷网安装　16.4（10m）

镀锌圆钢φ8　129m

套用预算定额　2－748

①人工费：21.36元/10m×16.4（10m）＝350.30元

②材料费：11.41元/10m×16.4（10m）＝187.12元

③机械费：4.64元/10m×16.4（10m）＝76.10元

2）混凝土块制作　16.4（10个）

3）避雷引下线安装　7.5（10m）

镀锌圆钢φ8　47m

套用预算定额　2－747

①人工费：83.59元/10m×7.5（10m）＝626.93元

②材料费：36.14元/10m×7.5（10m）＝271.05元

③机械费：0.15元/10m×7.5（10m）＝1.13元

4）接地极挖土方　15.12m^3

5）接地极制作　5根

钢管φ50　13m

套用预算定额　2－688

①人工费：14.40元/根×5根＝72元

②材料费：3.23元/根×5根＝16.15元

③机械费：9.63元/根×5根＝48.15元

6）接地母线埋设　4.54（10m）

扁钢40×4　40m

套用预算定额　2－697

①人工费：70.82元/10m×4.54（10m）＝321.52元

②材料费：1.77元/10m×4.54（10m）＝8.04元

③机械费：1.43元/10m×4.54（10m）＝6.49元

7）断接卡子制作　0.3（10套）

8）断接卡子引下线敷设　0.45（10m）

扁钢40×4　6.24m

9）接地电阻测验　1次

4.4　防雷及接地装置清单与定额工程量计算规则的联系与易错点

1. 联系

半导体少长针消雷装置：

清单工程量计算规则与定额工程量计算规则均按设计图示数量计算，单位为"套"。

2. 易错点

（1）接地装置

清单工程量计算规则：按设计图示尺寸以长度计算，单位为"系统/组"。

定额工程量计算规则：接地极制作安装以"根"为计量单位，其长度按设计长度计算，设计无规定时，每根长度按2.5m计算。若设计有管帽时，管帽另按加工件计算。

接地母线敷设，按设计长度以"m"为计量单位计算工程量。接地母线、避雷线敷设，均按延长米计算，其长度按施工图设计水平和垂直规定长度另加3.9%的附加长度（包括转弯、上下波动、避绕障碍物、搭线头所占长度）计算。计算主材费时应另增加规定的损耗率。

接地跨接线一次按一处计算，户外配电装置构架均需接地，每副构架按"处"计算。

（2）接地装置工作内容

接地装置清单项目的工作内容已包括：①接地装置，按设计图示尺寸以长度计算；②避雷装置，按设计图示数量计算。

清单工程量计算时，不另行计算。

而定额中需注意这些项目的工程量计算。

（3）避雷针

清单工程量计算规则：按设计图示数量计算，单位为"根"。

避雷针的定额工程量计算规则：避雷针的加工制作、安装，以"根"为计量单位，独立避雷针安装以"基"为计量单位。长度、高度、数量均按设计规定。独立避雷针的加工制作应执行"一般铁件"制作定额或按成品计算。

（4）高层建筑物屋顶的防雷接地装置应执行"避雷网安装"定额，电缆支架的接地线安装应执行"户内接地母线敷设"定额。

第 5 章   10kV 以下架空配电线路

5.1   总说明

本章主要介绍 10kV 以下架空配电线路的工程量计算,10kV 以下架空配电线路主要包括电杆组立、导线架设两部分。

工程量计算采用国家最新颁布的标准规范。各例题的解答形式为清单工程量和定额工程量计算相对照,详细系统地解释了各分项工程的工程量计算,简单明了。清单工程量计算的依据为《通用安装工程工程量计算规范》(GB 50856 - 2013),定额工程量的计算依据为《全国统一安装工程预算定额》第二册 电气设备安装(GYD - 202 - 2000)。

为方便读者学习,部分案例后面附加有注解,对其中的重点、疑点、难点加以解释。

5.2   电杆组立

项目编码:030410001   项目名称:电杆组立

【例1】 某电杆坑为坚土,底实际宽度为 2.1m,坑深 2.7m,计算其土方量。

已知:查计量表得相邻偶数的土方量为:

$A = 18.49 m^3$ $B = 21.39 m^3$

【解】 根据杆塔的底宽,如出现奇数时,其土方量可按下列近似值公式求得:

$$V = \frac{(A + B - 0.02h)}{2} m^3$$

式中 A、B——相邻偶数的土方量(m^3);

h——坑深(m)。

$$V = \frac{(18.49 + 21.39 - 0.02 \times 2.7)}{2} m^3 = 19.91 m^3$$

清单工程量计算时,土方挖填已包括在电杆组立工程内容中,不再单独列项计算。

项目编码:030410001   项目名称:电杆组立

【例2】 已知某架空线路直线电杆 10 根,水泥电杆高 8m,土质为坚土,按土质设计要求设计电杆坑深为 1.5m,选用 700mm × 700mm 的水泥底盘,试计算开挖土方量。

【解】 如图 5-1 所示,由于水泥底盘的规格为 700mm × 700mm,则电杆坑底宽度和长度均为:

$a = b = A + 2c = (0.7 + 2 \times 0.1) m = 0.9m$

土质为坚土,则查表得放坡系数 $k = 0.25$,电杆坑口宽度和长度均为:

$a_1 = b_1 = a + 2kh = (0.9 + 2 \times 1.5 \times 0.25) m = 1.65m$

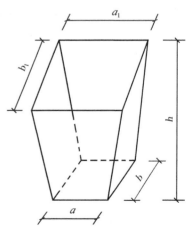

图 5-1   平截方长尖柱体
电杆坑示意图

假设为人工挖杆坑,则根据公式求得每个杆坑的土方量为:

$$V_1 = \frac{h}{6}\left[ab + (a + a_1)(b + b_1) + a_1 b_1 \right]$$

$$= (1.5/6) \times \left[0.9^2 + (0.9 + 1.65)^2 + 1.65^2 \right] m^3$$

$$= 2.51 m^3$$

由于电杆坑的马道土方量可按每坑0.2m³,所以10根直线杆的杆坑总方量为:

$$V = 10(V_1 + 0.2) m^3 = 27.10 m^3$$

清单工程量计算见表5-1。

表5-1 清单工程量计算表

项目编码	项目名称	项目特征描述	计量单位	工程量
010101002001	挖一般土方	坚土、电杆坑	m³	27.10

项目编码:030410001　　项目名称:电杆组立(土方计算)

【例3】　某电杆坑为坚土,坑底实际宽度为2.1m,坑深2.8m,计算其土方量。已知相邻偶数土方量为$A = 19.52 m^3$,$B = 22.56 m^3$。

【解】　通常情况下,杆塔坑的计算底宽均按偶数排列,如出现奇数时,其土方量可按下列近似值公式求得:

$$V = \frac{A + B - 0.02h}{2}$$

式中　A、B——相邻偶数的土方量(m³);

　　　　h——坑深(m)。

所以所求土方量　$V = \frac{19.52 + 22.56 - 0.02 \times 2.8}{2} m^3 = 21.01 m^3$

土方挖填已包括在电杆组立中,不再单独列项计算。

5.3　导线架设

项目编码:030410001　　项目名称:电杆组立

项目编码:030410003　　项目名称:导线架设

【例4】　有一外线工程,平面图如图5-2所示。电杆12m,间距均为50m,丘陵地区施工,室外杆上变压器容量为315kVA,变压器台杆高16m。

试求各项工程量

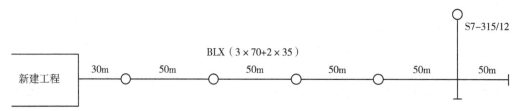

图5-2　某外线工程平面图

【解】　(1)清单工程量

清单工程量计算见表5-2。

表 5-2　清单工程量计算表

项目编码	项目名称	项目特征描述	计量单位	工程量
030410003001	导线架设	70mm²	km	0.84
030410003002	导线架设	35mm²	km	0.56
030410001001	电杆组立	混凝土电杆	根	5

（2）定额工程量

1）70mm² 的导线长度：280×3m=840m

【注释】　280=30+50+50+50+50+50，为总的导线架设长度，3 为 70mm² 的导线根数。

套用预算定额　2－811

①人工费：197.83 元/1km/单线

②材料费：186.07 元/1km/单线

③机械费：33.19 元/1km/单线

2）35mm² 的导线长度：280×2m=560m

套用预算定额　2－810

①人工费：101.47 元/1km/单线

②材料费：91.52 元/1km/单线

③机械费：23.07 元/1km/单线

3）立混凝土电杆　5 根

套用预算定额　2－772

①人工费：44.12 元/根

②材料费：3.92 元/根

③机械费：18.46 元/根

4）普通拉线制作安装　3 组

套用预算定额　2－804

①人工费：10.45 元/根

②材料费：2.47 元/根

5）进户线横担安装　1 组

套用预算定额　2－798

①人工费：5.57 元/根

②材料费：0.70 元/根

6）杆上变压器组装 315kVA　1 台

套用预算定额　2－832

①人工费：280.03 元/台

②材料费：81.38 元/台

③机械费：153.81 元/台

项目编码:030410001/030410003   项目名称:电杆组立/导线架设

【例5】 如图5-3和表5-3所示,有一条750m三线式单回路架空线路,试计算工程量。

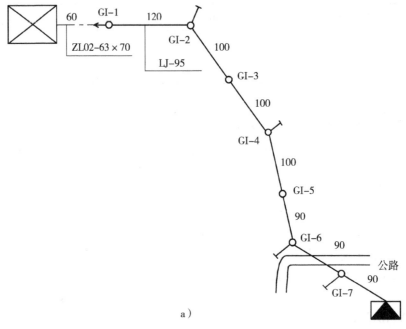

a)

杆塔编号	GI-1	GI-3 GI-5	GI-2 GI-4	GI-6	GI-7
杆塔简图					
杆塔型号	D₃	NJ₁	Z	K	D₁

b)

图5-3　三线式单回路架空线路

表5-3　杆塔型号表

杆塔型号	D₃	NJ₁	Z	K	D₁
组装图页次	D162(二) 31页	D162(二) 26页	D162(二) 22页	D162(二) 23页	D162(二) 19页
电杆	φ190-10-A	φ190-10-A	φ190-10-A	φ190-10-A	φ190-10-A
横担	1500　2×L75×8 (2Ⅱ₃)	1500　2×L75×8 (2Ⅰ₃)	1500　L63×6 (Ⅰ₃)	1500　L63×6 (Ⅰ₃)	1500　2×L75×8 (2Ⅱ₃)
底盘/卡盘	DP6	DP6	DP6 KP12	DP6 KP12	DP6
拉线	GJ-35-3-Ⅰ₂	DJ-35-3-Ⅰ₂			GJ-35-3-Ⅰ₂
电缆盒					

【解】 (1)基本工程量

1)杆坑、拉线坑、电缆沟等土方计算

a.杆坑:

$7 \times 3.39m^3 = 23.73m^3$

【注释】 共有7根电杆,则共有7个电杆坑,查表得电杆的每坑土方量为3.39m³,则共有 $7 \times 3.39m^3 = 23.73m^3$ 土方量。

b.拉线坑:

$4 \times 3.39m^3 = 13.56m^3$

【注释】 有4根电杆有拉线,则共有4个拉线坑,拉线坑每坑土方量与电杆坑土方量相同,为3.39m³。

c.电缆沟

$(60 + 2 \times 2.28) \times 0.45m^3 = 29.05m^3$

【注释】 从架空交接线出来,电缆埋地敷设60m,再引上 GI-1 电杆,电缆沟每端预留 2.28m,每米电缆沟挖土量为0.45m³。

土方总计:$(23.73 + 13.56 + 29.05)m^3 = 66.34m^3$

2)底盘安装:DP_6 7×1个=7个

卡盘安装:KP12 3×1个=3个

3)立电杆:$\phi190 - 10 - A$ 7根

4)横担安装(表5-4)

△排列:双根 4根 75×8×1500

单根 3根 63×6×1500

表5-4 杆号及绝缘子个数

杆 号	耐张绝缘子	针式绝缘子
GI-1	6个	1个 P-15(10)T
GI-3 GI-5	12个(6×2)	2个(1×2)
GI_2-2 GI-4		6个(3×2)
GI-6		6个
GI-7	8个	
总计	26个	15个

5)钢绞线拉线制安

普通拉线 $GJ-35-3-I_1$ 4组

计算拉线长度:根据公式:

$L = KH + A = [1.414 \times (10 - 0.8 - 1.7) + 1.2 + 1.5]m = (1.414 \times 7.5 + 1.2 + 1.5)m$

$= 13.305m \approx 13.31m$

故四组拉线总长为 $4 \times 13.31m = 53.24m$

【注释】 1.414为系数,10为杆塔的总高度,0.8为杆塔上端多出的高度,1.7为下端地面以下高度,1.2见杆塔简图中的尺寸,1.5为横担长度。

6)导线架设长度计算

按单延长米计算 $= [(90 \times 3 + 100 \times 3 + 120) \times (1 + 1\%) + 2.5 \times 4] \times 3m = 2120.7m$

【注释】 90×3 为从杆上变压器到 G1 – 5 号杆塔之间的距离,100×3 为从 G1 – 5 号杆塔到 G1 – 2 号杆塔之间的距离,120 为从 G1 – 2 号杆塔到 G1 – 1 号杆塔之间的距离,1 为损耗系数,2.5 为高压转角杆塔的预留长度,途中经过三次转角,2.5 为进户线架设的预留长度。

7)导线跨越计算

根据图示查看有跨越公路一处。

8)引出电缆长度计算

引出电缆长度计算约分为六个部分

①引出室内部分长度(设计无规定按 10m 计算)

②引出室外备用长度(按 2.28m 计算)

③线路埋设部分(按图计算 60m)

④从埋设段向上引至电杆备用长度(按 2.28m 算)

⑤引上电杆垂直部分为 $(10 – 1.7 – 0.8 – 1.2 + 0.8 + 1.2)m = 8.3m$

⑥电缆头预留长度(按 1.5 ~ 2m 计算)

故电缆总长为: $(10 + 2.28 + 60 + 2.28 + 8.3 + 1.5)m = 84.36m$

电缆敷设分三种形式

①沿室内电缆沟敷设　10m

②室外埋设　64.56m

③沿电杆卡设　8.6m

室外电缆头制安　1 个

室内电缆头制安　1 个

9)杆上避雷器安装　1 组

10)进户横担安装　1 根

　　绝缘子安装　12 个

(2)清单工程量

清单工程量计算见表 5-5。

表 5-5　清单工程量计算表

序号	项目编码	项目名称	项目特征描述	计量单位	工程数量
1	030410001001	电杆组立	$\phi 190 – 10 – A$	根	7
2	030410003001	导线架设	裸铝铰线架设	km	2.12
3	030408001001	电力电缆	铝芯截面 35mm²	m	83.16

(3)定额工程量

定额工程量计算见表 5-6。

表 5-6　定额计算表

序号	定额编号	工程项目	单位	数量	其中:/元 人工费、材料费、机械费
1	2 – 758	杆坑等土石方	10m³	2.37	①人工费:150.23 元/10m³
					②材料费:31.16 元/10m³
2	2 – 763	底盘安装	块	7	①人工费:14.40 元/块

（续）

序号	定额编号	工程项目	单位	数量	其中：/元 人工费、材料费、机械费
3	2－764	卡盘安装 KP12	块	3	①人工费：6.27 元/块
4	2－771	混凝土电杆 φ190－10－A	根	7	①人工费：30.88 元/根 ②材料费：3.92 元/根 ③机械费：12.30 元/根
5	2－794	1kV 以下横担（四线双根）	组	4	①人工费：9.98 元/组 ②材料费：9.61 元/组
6	2－793	1kV 以下横担（四线单根）	组	3	①人工费：6.27 元/组 ②材料费：3.70 元/组
7	2－112	户外式支持绝缘子	10 个	5.10	①人工费：38.55 元/10 个 ②材料费：105.04 元/10 个 ③机械费：7.13 元/10 个
8	2－804	钢绞线、拉线制作、安装	根	4	①人工费：10.45 元/根 ②材料费：2.47 元/根
9	2－810	裸铝绞线架设	km	2.12	①人工费：101.47 元/1km/单线 ②材料费：91.52 元/1km/单线 ③机械费：23.07 元/1km/单线
10	2－822	导线跨越公路	处	1	①人工费：204.80 元/100m/单线 ②材料费：188.71 元/100m/单线 ③机械费：20.72 元/100m/单线
11	2－610	电缆敷设（铝芯截面 35mm²）	100m	0.83	①人工费：116.56 元/100m ②材料费：164.03 元/100m ③机械费：5.15 元/100m
12	2－626	室内电缆头制作安装	个	1	①人工费：12.77 元/个 ②材料费：67.14 元/个
13	2－648	室外电缆头制作安装	个	1	①人工费：60.37 元/个 ②材料费：85.68 元/个 注：不包含主要材料费
14	2－834	杆上避雷器安装	组	1	①人工费：31.11 元/组 ②材料费：55.16 元/组
15	2－802	进户线横担（两端埋设）	根	1	①人工费：8.59 元/根 ②材料费：36.81 元/根
16	2－109	户内式支持绝缘子	10 个	1.2	①人工费：48.07 元/10 串（10 个） ②材料费：96.08 元/10 串（10 个） ③机械费：5.35 元/10 串（10 个）

项目编号:030410001 项目名称:电杆组立
项目编码:030410003 项目名称:导线架设

【例6】 某新建工程采用架空线路,如图 5-4 所示。混凝土电杆高 12m,间距为 45m,属于丘陵地区架设施工,选用 BLX－(3×70＋1×35),室外杆上变压器容量为 320kVA,变后杆高 20m。试求:①列概预算项目;②写出各项工程量;③试列出清单和定额表格。

【解】 （1）列概预算项目

概预算项目共分为混凝土电杆、杆上变台组装（320kVA）、导线架设（70mm² 和 35mm²）、普通拉线制作安装、进户线铁横担安装。

（2）基本工程量按图 5-4 计算

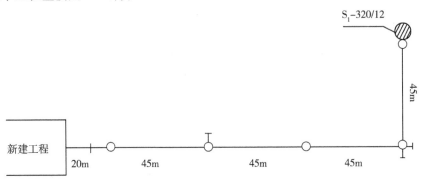

图 5-4　某外线工程平面图

70mm² 导线长度　　$(45 \times 4 + 20) \times 3m = 600m$

【注释】　45 为 1、2、3、4、5 号电杆之间的长度，4 为 5 个电杆之间的间隔数，20 为新建工程到 5 号电杆之间的距离，$(45 \times 4 + 20)$ 为单根导线架设的长度，3 为 70mm² 导线的个数。

35mm² 导线长度　$(45 \times 4 + 20) \times 1m = 200m$

【注释】　$(45 \times 4 + 20)$ 为单根导线架设的长度，具体数据见上；1 为 35mm² 导线的个数。

普通拉线制作　共 4 组

【注释】　2 号电杆 2 组拉线，4 号、5 号电杆各一组拉线，共 4 组拉线。

立混凝土电杆　共 4 根

【注释】　图中电杆个数。

杆上变台组装 320kVA　共 1 台

进户线铁横担安装　1 组

（3）清单工程量

清单工程量计算见表 5-7。

表 5-7　清单工程量计算表

序号	项目编码	项目名称	项目特征描述	计量单位	工程数量
1	030410001001	电杆组立	混凝土电杆，丘陵山区架设	根	4
2	030410003001	导线架设	选用 BLX－(3×70＋1×35)	km	0.80

（4）定额工程量

定额工程量计算见表 5-8。

表 5-8　预算定额表

序号	定额编号	项　目	单　位	数　量
1	3－4	立混凝土电杆	根	4
2	3－71	杆上变台组装 320KVA	台	1
3	3－49	70mm² 导线架设	m	600

序号	定额编号	项　目	单　位	数　量
4	3－47	35mm² 导线架设	m	200
5	3－8	普通拉线制作安装	组	4
6	3－18	进户线铁横担安装	组	1

5.4　10kV 以下架空配电线路清单与定额工程量计算规则的联系与易错点

1. 联系

（1）电杆组立

清单工程量计算规则与定额工程量计算规则均是按设计图示数量以"根"为单位计算的。

（2）导线架设

清单工程量计算规则与定额工程量计算规则均是按设计图示尺寸以长度计算,单位为"km"。

2. 易错点

（1）电杆组立的清单项目工作内容

工作内容主要包括:工地运输、土(石)方挖填,底盘、拉盘、卡盘安装,木电杆防腐,电杆组立,横担安装,拉线制作、安装。所以在清单工程量计算时,清单项目工作内容中已包含的项目无须另行计算,但是定额工程量计算时,要分别计算各自的工程量。如拉线制作安装施工图设计规定,分别不同形式,以"根"为计量单位。

（2）导线架设预留长度

导线架设,分别导线类型和不同截面,以"km/单线"为计量单位计算。

导线预留长度见表5-9。

表 5-9　导线预留长度　　　　　　　　　　（单位:m/根）

项　目　名　称		长　度
高　压	转角	2.5
	分支、终端	2.0
低　压	分支、终端	0.5
	交叉跳线转角	1.5
与设备连线		0.5
进户线		2.5

导线长度按线路总长度和预留长度之和计算。计算主材费时应另增加规定的损耗率。

（3）导线跨越架设

导线跨越架设,包括越线架的搭、拆和运输以及因跨越(障碍)施工难度增加而增加的工作量,以"处"为计量单位。每个跨越间距按50m以内考虑,大于50m而小于100m时按2处计算,以此类推。在计算架线工程量时,不扣除跨越档的长度。

第6章 电气调整试验

6.1 总说明

电气调整试验的清单项目包括:电力变压器系统、送配电装置系统、特殊保护装置、自动投入装置、中央信号装置、事故照明切换装置、不间断电源、母线、避雷器、电容器、接地装置、电抗器、硅整流设备等。

本章主要依据《通用安装工程工程量计算规范》(GB 50856–2013)和《全国统一安装工程预算定额》第二册 电气设备安装工程(GYD–202–2000)进行以上工程项目的清单工程量与定额工程量的计算,层次清晰,最后一节为工程量计算规则难点、重点的总结,便于读者学习。

6.2 电气调整试验

项目编码:030414002　　项目名称:送配电装置系统

【例1】 某工程厂房内安装一台检修电源箱(箱高0.6m、宽0.4m、深0.3m),由一台动力配电箱XL(F)–15(箱高1.7m、宽0.8m、深0.6m),供给电源,该供电回路为BV5×16(DN32)。经计算,DN32的工程量为18m,试计算BV16的工程量,如图6-1所示。

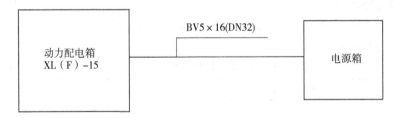

图6-1　配电线路图

【解】 (1)基本工程量

BV16的工程量为18×5m=90m

【注释】 DN32的工程量为18m,即BV16在管内的敷设量为18m;5为导线的根数。

(2)清单工程量

清单工程量计算见表6-1。

表6-1　清单工程量计算表

项目编码	项目名称	项目特征描述	计量单位	工程量
030411001001	配管	BV5×16(DN32)	m	90

(3)定额工程量

BV16的工程量为[18+(0.6+0.4)+(1.7+0.8)]×5(10m)=10.75(10m)

【注释】 DN32的工程量为18m,即BV16在管内的敷设量为18m;(0.6+0.4)为导线与检修电源箱连接的预留长度,高 + 宽;(1.7 + 0.8)为导线与动力配电箱 XL(F) − 15(箱高 1.7m、宽 0.8m、深 0.6m)连接的预留长度;5 为导线的根数。

套用定额:

套用预算定额 2 − 1202

①人工费:25.54 元/台

②材料费:25.47 元/台

注:不包含主要材料费

项目编号:030414002 项目名称:送配电装置系统

【例2】 某车间总动力配电箱引出三路管线至三个分动力箱,如图 6-2 所示,至①号箱的供电干线(3 × 25 + 1 × 10)G40,管长 7.2m;至②号箱供电干线为(3 × 35 + 1 × 16)G50,管长 6m;至③号箱为(3 × 16 + 1 × 6)G32,管长 8.2m。其中,总箱高×宽:1900mm × 700mm;①号箱 800mm × 600mm;②号箱为 700mm × 500mm;③号箱为 700mm × 400mm,列出并计算各种截面的管内穿线数量。

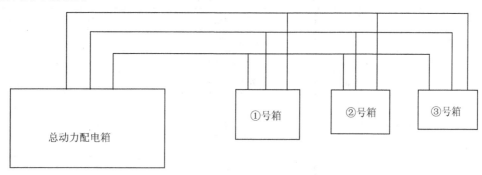

图 6-2 动力配电箱引出管线图

【解】 (1)基本工程量

25mm² 导线:(7.2 + 1.9 + 0.7 + 0.8 + 0.6) × 3m = 33.60m

【注释】 7.2 为总配电箱到 1 号配电箱的管长;(1.9 + 0.7)为 25mm² 导线与总配电箱连接的预留长度,长 + 宽;(0.8 + 0.6)为 25mm² 导线与 1 号箱连接的预留长度,长 + 宽;3 为导线根数。

35mm² 导线:(6 + 1.9 + 0.7 + 0.7 + 0.5) × 3m = 29.40m

【注释】 6 为总配电箱到 2 号配电箱的管长;(1.9 + 0.7)为 35mm² 导线与总配电箱连接的预留长度,长 + 宽;(0.7 + 0.5)为 35mm² 导线与 2 号箱连接的预留长度,长 + 宽;3 为导线根数。

16mm² 导线:[(8.2 + 1.9 + 0.7 + 0.7 + 0.4) × 3m + (6 + 1.9 + 0.7 + 0.7 + 0.5)] × 1m
        = 45.50m

【注释】 8.2 为总配电箱到 3 号配电箱的管长;(1.9 + 0.7)为 16mm² 导线与总配电箱连接的预留长度,长 + 宽;(0.7 + 0.4)为 16mm² 导线与 3 号箱连接的预留长度,长 + 宽;3 为导线根数。6 为总配电箱到 2 号动力配电箱的管长;(1.9 + 0.7)为 35mm² 导线与总配电箱连接的预留长度,长 + 宽;(0.7 + 0.5)为 35mm² 导线与 2 号箱连接的预留长度,长 + 宽;1 为导线根数。

$10mm^2$ 导线：$(7.2+1.9+0.7+1.4) \times 1m = 11.20m$

【注释】 7.2 为总配电箱到 1 号配电箱的管长；$(1.9+0.7)$ 为 $10mm^2$ 导线与总配电箱连接的预留长度，长 + 宽；$1.4 = 0.8 + 0.6$ 为 $10mm^2$ 导线与 1 号箱连接的预留长度，长 + 宽；1 为导线根数。

$6mm^2$ 导线：$(8.2+1.9+0.7+0.7+0.4) \times 1m = 11.90m$

【注释】 8.2 为总配电箱到 3 号配电箱的管长；$(1.9+0.7)$ 为 $6mm^2$ 导线与总配电箱连接的预留长度，长 + 宽；$(0.7+0.4)$ 为 $6mm^2$ 导线与 3 号配电箱连接的预留长度，长 + 宽；1 为导线根数。

（由给出的引至各个分动力箱的供电干线的规格和长度，再依次加上总动力箱和分动力箱的箱长和箱宽。）

（2）清单工程量

清单工程量计算见表6-2。

表6-2 清单工程量计算表

序号	项目编码	项目名称	项目特征描述	计量单位	工程量
1	030404017001	配电箱	$1900 \times 700 \times X$	台	1
2	030404017002	配电箱	$800 \times 600 \times X$	台	1
3	030404017003	配电箱	$700 \times 400 \times X$	台	1
4	030411001001	配管	G50	m	6
5	030411001002	配管	G40	m	7
6	030411001003	配管	G32	m	8
7	030411004001	配线	管内穿芯 $35mm^2$	m	29.40
8	030411004002	配线	管内穿芯 $25mm^2$	m	33.60
9	030411004003	配线	管内穿芯 $10mm^2$	m	11.20
10	030411004004	配线	管内穿芯 $6mm^2$	m	11.90
11	030411004005	配线	管内穿芯 $16mm^2$	m	45.50

（3）定额工程量

1）配电箱 $1900 \times 700 \times X$ 1 台

套用预算定额 2 – 266

①人工费：65.02 元/台

②材料费：31.25 元/台

③机械费：3.57 元/台

2）配电箱 $800 \times 600 \times X$ 1 台

3）配电箱 $700 \times 400 \times X$ 1 台

套用预算定额 2 – 265

①人工费：53.41 元/台

②材料费：36.84 元/台

4）钢管 G50 0.06（100m）

套用预算定额 2 – 1002

①人工费:464.86 元/100m

②材料费:434.98 元/100m

③机械费:29.68 元/100m

注:不包含主要材料费

5)钢管 G40　0.07(100m)

套用预算定额　2-1001

①人工费:437.93 元/100m

②材料费:388.67 元/100m

③机械费:29.68 元/100m

注:不包含主要材料费

6)钢管 G32　0.08(100m)

套用预算定额　2-1000

①人工费:357.12 元

②材料费:316.78 元

③机械费:20.75 元

注:不包含主要材料费

7)管内穿芯 35mm^2　0.29(100m)

套用预算定额　2-1180

①人工费:33.90 元/100m 单线

②材料费:20.33 元/100m 单线

注:不包含主要材料费

8)管内穿芯 25mm^2　0.34(100m)

套用预算定额　2-1179

①人工费:29.72 元/100m 单线

②材料费:14.10 元/100m 单线

注:不包含主要材料费

9)管内穿芯 10mm^2　0.11(100m)

套用预算定额　2-1177

①人工费:22.99 元/100m 单线

②材料费:12.90 元/100m 单线

注:不包含主要材料费

10)管内穿芯 6mm^2　0.12(100m)

套用预算定额　2-1176

①人工费:18.58 元/100m 单线

②材料费:7.92 元/100m 单线

注:不包含主要材料费

11)管内穿芯 16mm^2　0.46(100m)

项目编码:030414009　　　项目名称:避雷器
项目编码:030414001　　　项目名称:电力变压器系统
项目编码:030414008　　　项目名称:母线
项目编码:030414002　　　项目名称:送配电装置系统

【例3】　如图6-3所示为某配电所主接线图,能从该图中计算出哪些调试?并计算工程量。

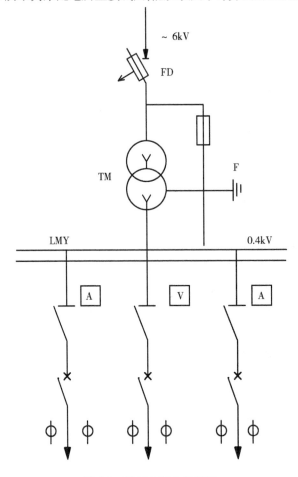

图6-3　某配电所主接线图

【解】　所需计算的调试与工程量如下:
(1)避雷器调试　1组
(2)变压器系统调试　1个系统
(3)1kV以下母线系统调试　1段
(4)1kV以下供电送配电系统调试　3个系统
(5)特殊保护装置调试　1台
清单工程量计算见表6-3。

表6-3　清单工程量计算表

序号	项目编码	项目名称	项目特征描述	计量单位	工程量
1	030414009001	避雷器	避雷器调试	组	1

64

(续)

序号	项目编码	项目名称	项目特征描述	计量单位	工程量
2	030414001001	电力变压器系统	变压器系统调试	系统	1
3	030414008001	母线	1kV以下母线系统调试	段	1
4	030414002001	送配电装置系统	1kV以下供电送配电系统调试,断路器	系统	3
5	030414003001	特殊保护装置	熔断器	台	1

项目编码:030414002   项目名称:送配电装置系统

【例4】 某结算所列电气调试系统为13个,试根据所给系统图6-4,审查该项工程量是否正确。

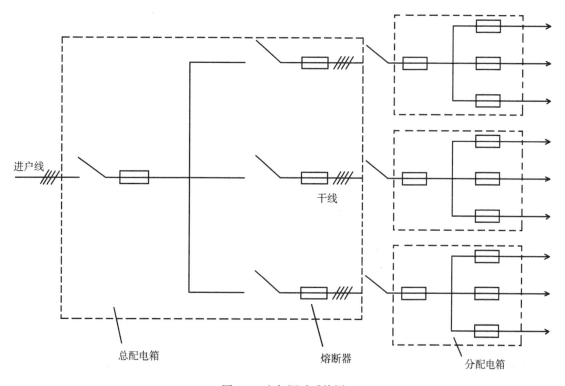

图6-4　电气调试系统图

【解】 由系统图可知,该供电系统的三个分配电箱引出的9条回路均由总配电箱控制,所以各分箱引出的回路不能作为独立的系统,因此正确的电气调试系统工程量应为1个。

清单工程量计算见表6-4。

表6-4　清单工程量计算表

项目编码	项目名称	项目特征描述	计量单位	工程量
030414002001	送配电装置系统	送配电装置系统	系统	1

项目编码:030414005   项目名称:中央信号装置

项目编码:030414006   项目名称:事故照明切换装置

【例5】 下列事故照明电源切换系统应分别划分为几个调试系统,如图6-5所示,并计算工程量。

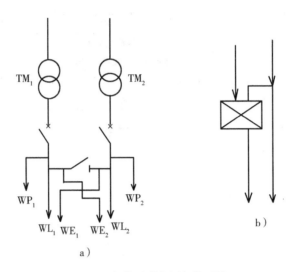

图 6-5 事故照明电源切换系统

【解】 事故照明电源切换系统划分见表 6-5。

表 6-5 事故照明电源切换系统划分

编　　号	项目名称	单　　位	工程量
a	事故照明切换装置调试	系统	2
b	中央信号装置调试	系统	1

清单工程量计算见表 6-6。

表 6-6 清单工程量计算表

序号	项目编码	项目名称	项目特征描述	计量单位	工程量
1	030414005001	中央信号装置	中央信号装置调试	系统	1
2	030414006001	事故照明切换装置	事故照明切换装置调试	系统	2

6.3 电气调整试验清单与定额工程量计算规则的联系与易错点

1. 联系

（1）电力变压器系统

清单工程量计算规则与定额工程量计算规则均是按设计图示数量计算,单位为“系统”。

（2）送配电装置系统

清单工程量计算规则与定额工程量计算规则均是按设计图示数量计算,单位为“系统”。

（3）中央信号装置、事故照明切换装置、不间断电源

清单工程量计算规则与定额工程量计算规则按设计图示系统计算,单位为“系统”。

（4）电抗器、消弧线圈、电除尘器

清单工程量计算规则与定额工程量计算规按设计图示数量计算,单位为“台”。

2. 易错点

（1）特殊保护装置

清单工程量计算规则:按设计图示数量以"台(套)"为单位计算。

定额工程量计算规则:特殊保护装置,均以构成一个保护回路为一套,其工程量计算规定如下(特殊保护装置未包括在各系统调试定额之内,应另行计算):

1)发电机转子接地保护,按全厂发电机共用一套考虑。

2)距离保护,按设计规定所保护的送电线路断路器台数计算。

3)高频保护,按设计规定所保护的送电线路断路器台数计算。

4)故障录波器的调试,以一块屏为一套系统计算。

5)失灵保护,按设置该保护的断路器台数计算。

6)失磁保护,按所保护的电机台数计算。

7)变流器的断线保护,按变流器台数计算。

8)小电流接地保护,按装设该保护的供电回路断路器台数计算。

9)保护检查及打印机调试,按构成该系统的完整回路为一套计算。

(2)干式变压器调试,执行相应容量变压器调试定额乘以系数0.8。

(3)避雷器、电容器

清单工程量计算规则:按设计图示数量以"组"为单位计算。

定额工程量计算规则:避雷器、电容器的调试,按每三相为一组计算;单个装设的亦按一组计算,上述设备如设置在发电机、变压器、输、配电线路的系统或回路内,仍应按相应定额另外计算调试费用。

(4)可控硅整流装置

清单工程量计算规则:按设计图示数量以"系统"为单位计算。

定额工程量计算规则:可控硅调速直流电动机调试以"台"为计量单位,其调试内容包括可控硅整流装置系统和直流电动机控制回路系统两个部分的调试。

第7章 配管、配线

7.1 总说明

本章的主要内容是配管、配线。配管、配线的清单项目包括:电气配管、线槽、电气配线。本章依据《建设工程工程量清单计价规范》和《全国统一安装工程预算定额》对配管、配线分别计算工程量,对比清晰,使读者更清楚地了解定额工程量和清单工程量的计算规则,另外,最后一节对清单工程量与定额工程量计算规则的联系、易错点进行归纳汇总,使读者可以更快地了解两者的区别,避免在日常的设计工作中出现类似的错误。

7.2 配管、配线工程量计算

项目编码:030411001   项目名称:配管

【例1】 已知图7-1中箱高为0.8m,楼板厚度 $b=0.2$m,求垂直部分明敷管长及垂直部分暗敷管长各是多少?

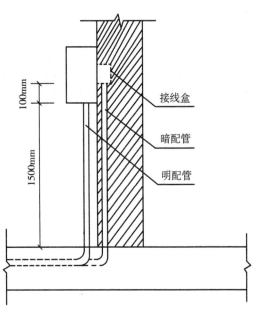

图7-1 配电箱侧视图

【解】 (1)当采用明配管时,管路垂直长度为:

$(1.5+0.1+0.2)$m$=1.8$m

【注释】 1.5为箱底的标高,即从箱底到楼地面的竖直距离;0.1为箱内连接长度,即从箱内连接处到箱底的竖直距离;0.2为楼板厚度,即从楼地面到楼板内的距离。

(2)当采用暗配管时,管路垂直长度为:

$$(1.5 + \frac{1}{2} \times 0.8 + 0.2 + 0.1)\text{m} = 2.2\text{m}$$

【注释】 1.5为箱底的标高,即从箱底到楼地面的竖直距离;0.1为箱内连接长度,即从箱内连接处到箱底的竖直距离;0.8为箱的高度,从一半处配管,故为$\frac{1}{2} \times 0.8$;0.2为楼板厚度,即从楼地面到楼板内的距离。

清单工程量计算见表7-1。

表7-1 清单工程量计算表

序号	项目编码	项目名称	项目特征描述	计量单位	工程量
1	030411001001	配管	明配管线垂直长度	m	1.80
2	030411001002	配管	暗配管线垂直长度	m	2.20

注:如图7-2所示为落地式配电箱,引出管高度、垂直管路长度与落地式配电箱基座高度有关,一般按0.3~0.4m计算,另外加上楼板厚度b。

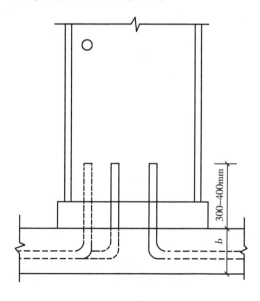

图7-2 配电箱正视图

项目编码:030411001 项目名称:配管

【例2】 本例是室内电气照明工程施工图预算的编制。以下用一幢二单元、五层民用住宅楼为例,说明室内电气照明工程施工图预算的编制方法及过程。照明平面图和配电系统图分别如图7-3、图7-4所示。

工程概况:

住宅楼为五层砖混结构,层高3m,二个单元。由于各层及各单元的平面布置都一样,所以仅给出一单元一层的平面图以节约篇幅。结合系统图、平面图及设计说明可以知道,电源采用220V/380V三相四线由住宅楼东侧二层楼面层(距室外地坪3.6m)架空引入后,穿焊接钢管SCϕ50用BV-3×35+1×25引至M_{1-1}箱,在M_{1-1}箱处做重复接地,并在此由三相四线改为三相五线(增设PE线)。这就是TN-C-S系统。由系统图可知,电源引入M_{1-1}箱后分为两

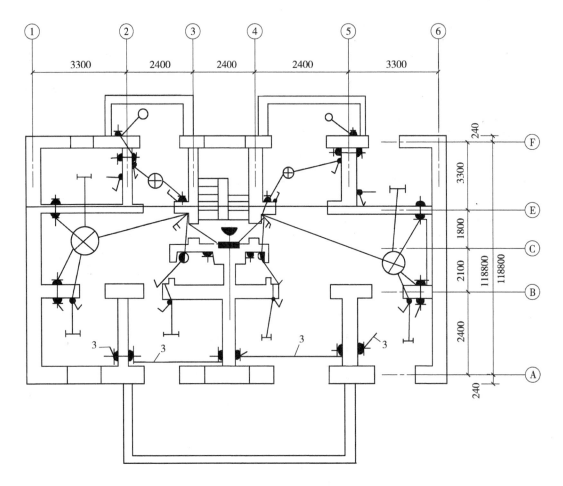

图 7-3　单元一层照明平面图

路干线:一路引至同层二单元的 $M_{2-1} \sim M_{3-1}$ 配电箱;另一路引至一单元的二、三、四、五的 M_{1-2} $\sim M_{1-5}$ 配电箱。分支线的情况是:一层的三个配电箱均引出 N_1、N_2、N_3 三个回路,其中 N_1、N_2 给住户供电,N_3 回路为该单元的楼梯间照明供电。楼梯间照明的配线是从一层配电箱引出 N_3 回路。在声光控开关处垂直引到二、三、四、五层,通过声光控开关给楼梯间的半圆吸顶灯供电。楼梯间装设的声光控开关可以在光线暗到一定程度时,由声音控制开,也可以用手触摸开,延时 $1 \sim 3\min$ 自动关闭。二层以上的配电箱则只有两个回路,仅为住户供电。住户各自进行电能计量,楼梯间照明电能由 N_3 回路设置的 DD862 -3A 电能表计量,由全体住户均摊。进线没有设总开关,由配电室统一控制。

【解】　(1)基本工程量

1)照明器具安装工程量

①圆吸顶灯　从单元一层照明平面图,可以看出一单元一层有两个圆吸顶灯,所以总工程量为:2 套 ×10 =20 套。

②花灯　从图上可以看出一单元一层有 2 套花灯,所以总工程量为 2 ×10 套 =20 套。

③荧光灯　从图上可以看出一单元一层有 6 套,所以工程量为 6 ×10 套 =60 套。

④壁灯　20 套

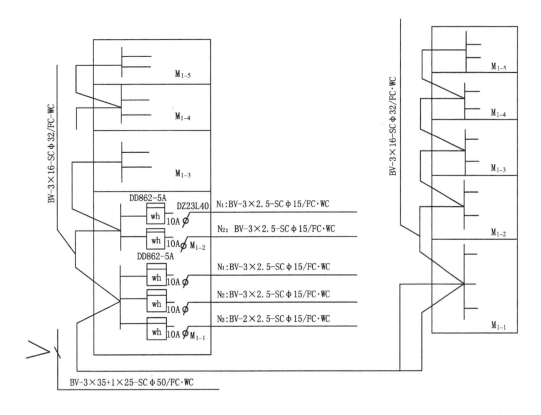

图 7-4　照明配电系统图

⑤白炽灯座　20 套

⑥半圆吸顶灯　10 套

⑦跷板开关 86k11 – 6　120 个

⑧跷板开关 86k21 – 6　20 个

⑨声光控开关　10 个

⑩插座 AP1462332A10　240 个

2）照明配电箱安装工程量

①总配电箱　1 台

②分配电箱　9 台

3）电源进线管及管内穿线工程量计算

电源进线管的总长度 = 水平长度 + 垂直长度 + 预留长度；由施工图可知电源管为 SCφ50 焊接钢管，埋二层楼面层，引至一单元楼梯间后由上引下到 M_{1-1} 配电箱。电源管的水平长度从平面图上配电符号的中心至住宅外墙面按比例量得。所以可得：

电源进线管的总长度 = [8 + (3 – 1.4) + 0.1 + 0.2]m = 9.9m，(3 – 1.4)为电源管向配电箱引下的长度，垂直长度为楼层高度减去配电箱距地高度，0.1m 为管子进入配电箱的长度，0.2m 为电源管在墙外应预留长度）。所以，电源管内穿线工程量 =（电源进线管长度 + 配电箱内导线预留长度 + 出户线预留长度）× 导线根数

35mm² 导线：(9.9 + 0.6 + 0.5 + 1.5) × 3m = 37.5m

25mm² 导线：(9.9 + 0.6 + 0.5 + 1.5) × 1m = 12.5m

【注释】 (0.6+0.5)是配电箱内预留长度,即为配电箱的半周长,出户线预留长度指与架空进户线相连接的那段长度,为1.5m。

4)各层间垂直引上干线配管及穿线工程量

各层间垂直引上配管长度=楼层高度×层数－最下层配电箱距地高度－最上层配电箱距顶高度－配电箱高度×层数+0.1×(层数－1)×2

其中,0.1×(层数－1)×2为进入及引出各配电箱管子的长度

所以各层间垂直引上配管长度为:

$$[3 \times 5 - 1.4 - (3 - 1.4 - 0.5) - 0.5 \times 5 + 0.1 \times (5 - 1) \times 2]\text{m} = 10.8\text{m}$$

垂直引上干线长度=(配管长度+配电箱的预留长度)×导线根数

管内穿线工程量:

$$[10.8 + (0.5 + 0.6) \times (5 - 1) \times 2] \times 3\text{m} = 58.8\text{m}$$

5)各分支回路配管穿线工程量

现以图中所示从配电箱至后阳台分支线为例,这段分支线的水平长度共有6段,分别标为A、B、C、D、E、F;

水平长度: $\dfrac{\text{穿线长度 BV} - 2.5}{\text{钢管长度 SC}\phi15}$

$$= (\frac{2 \times 3}{2} + \frac{0.8 \times 3}{0.8} + \frac{1.5 \times 4}{1.5} + \frac{1.5 \times 3}{1.5} + \frac{0.9 \times 4}{0.9} + \frac{1.3 \times 2}{1.3})\text{m}$$

$$= \frac{25.1}{8}\text{m}$$

所以穿线长度为25.1m,钢管长度为8m。

垂直长度: $\dfrac{\text{穿线长度 BV} - 2.5}{\text{钢管长度 SC}\phi15}$

$$= \{\frac{[1.2 + (0.6 + 0.5)] \times 3}{3 - 1.4 - 0.5 + 0.1} + (\frac{1.6 \times 4}{3 - 1.4}) \times 2 + \frac{1.3 \times 3}{1.4 - 0.3} \times 2\}\text{m}$$

$$= \frac{27.5}{6.6}\text{m}$$

所以穿线长度27.5m,钢管长度为6.6m

(1.2m为管长,0.6+0.5为箱半圆,3m为楼层高,1.4m为箱底距地面高度,0.1为管子进箱长度)

(2)清单工程量

清单工程量计算见表7-2。

表7-2 清单工程量计算表

序号	项目编码	项目名称	项目特征描述	计量单位	工程量
1	030412001001	普通灯具	圆吸顶灯	套	20
2	030412001002	普通灯具	花灯	套	20
3	030412005001	荧光灯	荧光灯	套	60
4	030412001003	普通灯具	壁灯	套	20
5	030412001004	普通灯具	半圆吸顶灯	套	10

序号	项目编码	项目名称	项目特征描述	计量单位	工程量
6	030404031001	小电器	跷板开关86K11-6	个	120
7	030404031002	小电器	跷板开关86K21-6	个	20
8	030404019001	控制开关	声光控开关	个	10
9	030404031003	小电器	插座AP1462332A10	个	240
10	030404017001	配电箱	总配电箱	台	1
11	030404017002	配电箱	分配电箱	台	9
12	030411001001	配管	电源进线管	m	9.90
13	030411004001	配线	35mm² 导线	m	12.50
14	030411004002	配线	25mm² 导线	m	12.50
15	030411001002	配管	各层间垂直引上配管	m	10.80
16	030411004003	配线	垂直引上干线	m	19.60
17	030411001003	配管	各分支回路配管（SCφ15）	m	14.60
18	030411004004	配线	各分支回路配线（BV-2.5）	m	52.60

（3）定额工程量

1）照明器具安装工程量

①圆吸顶灯 2(10个)

套用预算定额 2-1382

a. 人工费:50.16 元/10 套

b. 材料费:115.44 元/10 套

注:不包含主要材料费

②花灯 2(10个)

套用预算定额 2-1392

a. 人工费:46.90 元/10 套

b. 材料费:123.99 元/10 套

注:不包含主要材料费

③荧光灯 6(10个)

套用预算定额 2-1502

a. 人工费:94.74 元/10m

b. 材料费:32.90 元/10m

注:不包含主要材料费

④壁灯 2(10个)

套用预算定额 2-1393

a. 人工费:46.90 元/10 套

b. 材料费:107.77 元/10 套

注:不包含主要材料费

⑤白炽灯座 2(10个)

套用预算定额　2-1652

a. 人工费:19.27 元/10 套

b. 材料费:17.95 元/10 套

注:不包含主要材料费

⑥半圆吸顶灯　1(10 个)

套用预算定额　2-1384

a. 人工费:50.16 元/10 套

b. 材料费:119.84 元/10 套

注:不包含主要材料费

⑦跷板开关86k11-6　12(10 个)

套用预算定额　2-1637

a. 人工费:19.74 元/10 套

b. 材料费:4.47 元/10 套

注:不包含主要材料费

⑧跷板开关86k21-6　2(10 个)

套用预算定额　2-1638

a. 人工费:20.67 元/10 套

b. 材料费:6.18 元/10 套

注:不包含主要材料费

⑨声光控开关　1(10 个)

套用预算定额　2-1651

a. 人工费:31.11 元/10 套

b. 材料费:22.55 元/10 套

注:不包含主要材料费

⑩插座 AP1462332A10　24(10 个)

套用预算定额　2-1653

a. 人工费:21.13 元/10 套

b. 材料费:19.65 元/10 套

注:不包含主要材料费

2)照明配电箱安装工程量

①总配电箱　1 台

套用预算定额　2-264

a. 人工费:41.80 元/台

b. 材料费:34.39 元/台

注:不包含主要材料费

②分配电箱　9 台

套用预算定额　2-263

a. 人工费:34.83 元/台

b. 材料费:31.83 元/台

注:不包含主要材料费

3)电源进线管及管内穿线工程量计算

①电源进线管的总长度 0.10(100m)

套用预算定额 2-1178

a.人工费:25.54 元/100m 单线

b.材料费:13.11 元/100m 单线

注:不包含主要材料费

②35mm^2 导线进线长度 0.38(100m)

套用预算定额 2-1180

a.人工费:33.90 元/100m 单线

b.材料费:20.33 元/100m 单线

注:不包含主要材料费

③25mm^2 导线进线长度 0.125(100m)

套用预算定额 2-1179

a.人工费:29.72 元/100m 单线

b.材料费:14.10 元/100m 单线

注:不包含主要材料费

4)各层间垂直引上干线配管及穿线工程量

①各层间垂直引上配管长度 0.11(100m)

套用预算定额 2-1025

a.人工费:200.16 元/100m

b.材料费:314.60 元/100m

c.机械费:12.48 元/100m

注:不包含主要材料费

②管内穿线工程量 0.59(100m)

套用预算定额 2-1169

a.人工费:23.22 元/100m 单线

b.材料费:6.83 元/100m 单线

注:不包含主要材料费

5)各分支回路配管穿线工程量

水平长度:

①穿线长度 BV-2.5 0.25(100m)

套用预算定额 2-1172

a.人工费:23.22 元/100m 单线

b.材料费:17.81 元/100m 单线

注:不包含主要材料费

②钢管长度 SCφ15 0.08(100m)

套用预算定额 2-1110

a.人工费:214.55 元/100m

b. 材料费:126.10 元/100m

c. 机械费:23.48 元/100m

注:不包含主要材料费

垂直长度:

③穿线长度 BV-2.5　0.26(100m)

套用预算定额　2-1172

a. 人工费:23.22 元/100m 单线

b. 材料费:17.81 元/100m 单线

注:不包含主要材料费

④钢管长度 SCϕ15　0.07(100m)

套用预算定额　2-1110

a. 人工费:214.55 元/100m

b. 材料费:126.10 元/100m

c. 机械费:23.48 元/100m

注:不包含主要材料费

项目编码:030411001001　　项目名称:配管

【例3】　某仓库如图 7-5 所示,它的内部安装有一台照明配电箱 XMR-10(箱高0.3m,宽0.4m,深0.2m),嵌入式安装;套防水防尘灯,GC1-A-150;采用 3 个单联跷板暗开关控制;单相三孔暗插座二个;室内照明线路为刚性阻燃塑料管 PVC15 暗配,管内穿 BV-2.5 导线,照明回路为 2 根线,插座回路为 3 根线。经计算,室内配管(PVC15)的工程量为:照明回路(2 个)共42m,插座回路(1 个)共12m。试编制配管、配线的分部分项工程量清单。

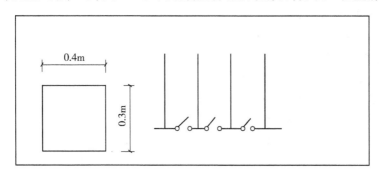

图 7-5　电气照明配电图

【解】　(1)清单工程量

上例中工程量计算如下(清单工程量不包括预留量):

电气配管(PVC15):(42+12)m=54m

【注释】　根据题中的室内配管所包含的工程量为两项之和:经计算,室内配管(PVC15)的工程量为:照明回路(2 个)共42m,插座回路(1 个)共12m。

管内穿线(BV-2.5):(42×2+12×3)m=120m

(因为照明回路为 2 根线,插座回路为 3 根线)

清单工程量计算见表 7-3。

表7-3　清单工程量计算表

序号	项目编码	项目名称	项目特征描述	计量单位	工程数量
1	030411001001	配管	材质、规格:刚性阻燃塑料管 PVC15 配置形式及部位:砖、混凝土结构暗配 (1)管路敷设 (2)灯头盒、开关盒、插座盒安装	m	54
2	030411004001	配线	配线形式:管内穿线 导线型号、材质、规格:BV－2.5 照明线路管内穿线	m	120

（2）定额工程量

1）电气配管　54m

套用预算定额　2－1110

①人工费:214.55 元/100m

②材料费:126.10 元/100m

③机械费:23.48 元/100m

注:不包含主要材料费

2）电气配线　120m

套用预算定额　2－1172

①人工费:23.22 元/100m 单线

②材料费:17.81 元/100m 单线

注:不包含主要材料费

项目编码:030408001/030411001　项目名称:电力电缆/配管

【例4】　如图7-6所示,电缆自 N_1 电杆(9m)引下入地埋设引至 4 号厂房 N_1 动力箱,试计算工程量。动力箱高 1.7m,宽 0.7m。

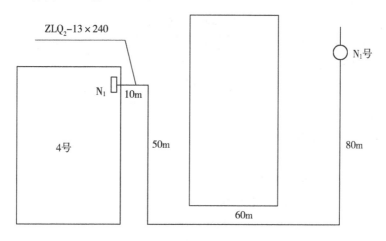

图7-6　电缆埋设示意图

【解】　（1）基本工程量

1）电缆沟挖填土方量

$(2.28+80+60+50+10+2.28+0.4)m=204.96m$

$(204.96\times0.45)m^3=92.232m^3\approx92.23m^3$

【注释】 2.28为电缆沟拐弯时应预留的长度,共拐了2个弯;(80+60+50+10)为自电杆到配电箱的总距离;0.4为从室外进入室内到动力箱N_1的距离。

2)电缆埋设工程量

$(2.28+80+60+50+10+2.28+2\times0.8+0.4+2.4)m=208.96m$

【注释】 2.28为电缆沟拐弯时电缆应预留的长度,共拐了2个弯;2.4为动力箱宽+高;0.4为从室内到动力箱N_1的长度;0.8为从电杆引入电缆沟预留的长度或电缆进入建筑物预留的长度。

3)电缆沿杆设

$[9+1(杆上预留长)]m=10(m)$

4)电缆保护管敷设 1根

5)电缆铺砂盖砖

$(2.28+80+60+50+10+2.28)m=204.56m$

【注释】 具体数据解释见电缆沟挖土方计算注释。

6)室外电缆头制作 1个

7)室内电缆头制作 1个

8)电缆试验 2次/根

9)电缆沿杆上敷设支架制作 3套(18kg)

10)电缆进建筑物密封 1处

11)动力箱安装 1台

12)动力箱基础槽钢8号 2.2m

(2)清单工程量

清单工程量计算见表7-4。

表7-4 清单工程量计算表

项目编码	项目名称	项目特征描述	计量单位	工程量
010101003001	挖沟槽土方	一类土	m^3	92.23
030408001001	电力电缆	铜芯	m	208.96

(3)定额工程量

1)电缆沟挖填土方:套用预算定额 2-521

①人工费:12.07元/m^3×92.23m^3=1113.22元

2)铜芯电力电缆:套用预算定额 2-619

①人工费:294.20元/100m×208.96m=614.76元

②材料费:272.27元/100m×208.96m=568.94元

③机械费:36.04元/100m×208.96m=75.31元

3)电缆铺砂盖砖:套用预算定额 2-529

①人工费:145.13元/100m×204.56m=296.88元

②材料费:648.86元/100m×204.56m=1327.31元

项目编号:030411004 项目名称:配线

【例5】 如图7-7所示,为一混凝土砖石结构平房(毛石基础、砖墙、钢筋混凝土板盖顶),顶板距地面高度度为 +3m,室内装置定型照明配电箱(XM - 7 - 3/0)1 台,单管日光灯(40W)6盏,拉线开关 3 个,由配电箱引上为钢管明设(ϕ25),其余均为磁夹板配线,用 BLX 电线,引入线设计属于低压配电室范围,故此不考虑。试计算工程量。

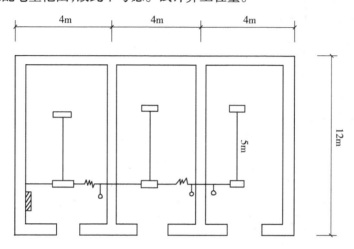

图7-7 电气配线图

【解】 (1)基本工程量

1)配电箱安装:

①配电箱安装 XM - 7 - 3/0 1 台(高 0.34m,宽 0.32m)

②支架制作 2.1kg

2)配管配线:

①钢管明设 ϕ25 2m

②管内穿线 BLX ×25:

$[2 + (0.34 + 0.32)] \times 2m = 5.32m$

【注释】 2 为钢管暗配的长度,即 BLX2 ×25 在馆内敷设的长度,(0.34 + 0.32)为导线与配电箱连接的预留长度,按盘面尺寸高 + 宽,即(0.34 + 0.32)。

③二线式瓷夹板配线:

$(2 + 5 + 2 + 5 + 2 + 5 + 0.2 \times 3)m = 21.6m$

【注释】 2 为从拉线开关到荧光灯的距离,5 为两盏荧光灯之间的距离,0.2 为三个拉线开关距瓷板夹敷设位置之间的高度。

④三线式瓷夹板配线:

$(2 + 2)m = 4m$

3)灯具安装:

单管日光灯安装 YG2 - 1 $\dfrac{6 \times 120}{3}$40 6 套

4)拉线开关安装 3 套

(2)按定额计算工程量

1)配电箱安装 XM－7－3/0　1 台(高 0.34m,宽 0.32m)

2)支架制作　0.02(100kg)

3)钢管明设 ϕ25　0.02(100m)

4)管内穿线 BL2×25　0.05(100m)

5)二线式瓷夹板配线　0.22(100m)

6)三线式瓷夹配线　0.04(100m)

7)灯具安装:单管日光灯安装 YG2－1$\frac{6\times120}{3}$40　0.6(10 套)

8)拉线开关安装　0.3(10 套)

(3)清单工程量

清单工程量计算见表 7-5。

表 7-5　清单工程量计算表

序号	项目编码	项目名称	项目特征描述	计量单位	工程数量
1	030404017001	配电箱	XM－7－3/0	台	1
2	030411001001	配管	钢管 ϕ25	m	2
3	030411004001	配线	明设钢管内穿 BL2×25	m	5.32
4	030411004002	配线	瓷夹板二线制配线	m	21.60
5	030411004003	配线	瓷夹板三线制配线	m	4
6	030404031001	小电器	拉线开关	套	3
7	030412005001	荧光灯	单管日光灯 YG2－1$\frac{6\times120}{3}$40	套	6

(4)定额工程量

定额预算表见表 7-6。

表 7-6　定额预算表

序号	定额编号	分项工程名称	定额单位	工程量	其中:/元 人工费、材料费、机械费
1	2－264	悬挂嵌入式配电箱安装	台	1	①人工费:41.80 元/台 ②材料费:34.39 元/台
2	2－358	配电箱支架制作	100kg	0.02	①人工费:250.78 元/100kg ②材料费:131.90 元/100kg ③机械费:41.43 元/100kg 注:不包含主要材料费用
3	2－359	配电箱支架安装	100kg	0.02	①人工费:163.00 元/100kg ②材料费:24.39 元/100kg ③机械费:25.44 元/100kg
4	2－999	钢管明设	100m	0.02	①人工费:336.23 元/100m ②材料费:285.17 元/100m ③机械费:20.75 元/100m 注:不包含主要材料费用

序号	定额编号	分项工程名称	定额单位	工程量	其中:/元
					人工费、材料费、机械费
5	2-1179	管内穿 BL2×25	100m	0.05	①人工费:29.72 元/100m 单线 ②材料费:14.10 元/100m 单线 注:不包含主要材料费用
6	2-1233	瓷交板配线(二线式)	100m	0.22	①人工费:264.94 元/100m 线路 ②材料费:56.95 元/100m 线路 注:不包含主要材料费用
7	2-1236	瓷夹板配线(三线式)	100m	0.04	①人工费:392.19 元/100m 线路 ②材料费:107.44 元/100m 线路 注:不包含主要材料费
8	2-1588	单管日光灯安装	10 套	0.6	①人工费:50.39 元/10 套 ②材料费:74.84 元/10 套 注:不包含主要材料费
9	2-1635	拉线开关	10 套	0.3	①人工费:19.27 元/10 套 ②材料费:17.95 元/10 套 注:不包含主要材料费

7.3 配管、配线清单与定额工程量计算规则的联系与易错点

1. 联系

(1)电气配管

清单工程量计算规则与定额工程量计算规则相同:各种配管应区别不同敷设方式、敷设位置、管材材质、规格,以"延长米"为计量单位,不扣除管路中间的接线箱(盒)、灯头盒、开关盒所占长度。

(2)电气配线

清单工程量计算规则与定额工程量计算规则均按设计图示尺寸以单线延长米计算。

2. 易错点

(1)定额中未包括钢索架设及拉紧装置、接线箱(盒)支架的制作安装,其工程量应另行计算。

(2)线路分支接头线的长度已综合考虑在定额中,不得另行计算。

照明线路中的导线截面大于或等于 $6mm^2$ 时,应执行动力线路穿线相应项目。

(3)电气配线

电气配线的清单项目工作内容已包括:

1)支持体(夹板、绝缘子、槽板等)安装;

2)支架制作、安装;

3)钢索架设(拉紧装置安装);

4)配线;

5)管内穿线。

(4)钢索架设的定额工程量:应区别圆钢、钢索直径($\phi6$、$\phi9$),按图示墙(柱)内缘距离,以"延长米"为计量单位计算,不扣除拉紧装置所占长度。

第8章 照明器具安装

8.1 总说明

照明器具包括:普通吸顶灯及其他灯具、工厂灯、装饰灯、荧光灯。医疗专用灯、一般路灯、广场灯、高杆灯、桥栏杆灯、地道涵洞灯。照明器具的安装即上述工程项目的安装。本章主要介绍照明器具安装的工程量计算,工程量的计算可分为清单工程量计算与定额工程量计算,一例两解,对比清晰,更能突出清单工程量计算规则与定额工程量计算规则的不同之处。

清单工程量与定额工程量的计算依据分别为《通用安装工程工程量计算规范》(GB 50856－2013)、《全国统一安装工程预算定额》第二册 电气设备安装工程(GYD－202－2000)。

8.2 照明器具安装工程量计算

项目编码:030412001 项目名称:普通灯具

【例1】 如图8-1所示,为一混凝土砖石结构平房(毛石基础、砖墙、钢筋混凝土盖顶)顶板距地面高度＋4m,室内装置照明配电箱(XM－7－310)1台,单管日光灯(40W)6盏,拉线开关3个,由配电箱引上为钢管明设(φ25),其余均为磁夹板配线,用BLX电线,引入线设计属于低压配电室范围,故此不考虑。试计算工程量。

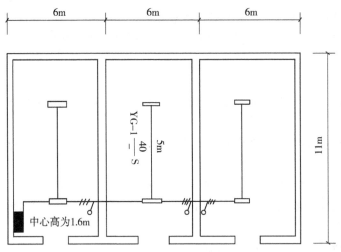

图8-1 照明平面图

【解】 (1)清单工程量

清单工程量计算见表8-1。

表8-1 清单工程量计算表

序号	项目编码	项目名称	项目特征描述	计量单位	工程量
1	030404017001	配电箱	XM－7－310	台	1

序号	项目编码	项目名称	项目特征描述	计量单位	工程量
2	030411001001	配管	钢管明设 $\phi25$	m	2.23
3	030411004001	配线	管内穿线 BLX25	m	8.78
4	030411004002	配线	二线式瓷夹板配线	m	21.60
5	030411004003	配线	三线式瓷夹板配线	m	9
6	030412001001	普通灯具	$YG2-1\dfrac{40}{-}S$	套	6
7	030404031001	小电器	拉线开关	套	3

(2) 定额工程量

1) 配电箱安装 XM – 7 – 310　　1 台(高 0.34m,宽 0.32m)

套用预算定额　2 – 264

①人工费:41.80 元/台

②材料费:34.39 元/台

2) 支架制作　　　　　　　　2.1kg

套用预算定额　2 – 358

①人工费:250.78 元/100kg

②材料费:131.90 元/100kg

③机械费:41.43 元/100kg

注:不包含主要材料费。

3) 钢管明设 $\phi25$　　　　　2.23m

$$\left[4-\left(1.6+\frac{1}{2}\times0.34\right)\right]m = (4-1.77)m = 2.23m$$

【注释】　4 为层高,1.6 为配电箱中心标高。

套用预算定额　2 – 999

①人工费:336.23 元/100m

②材料费:285.17 元/100m

③机械费:20.75 元/100m

注:不包含主要材料费

4) 管内穿线 BLX25　　　　　8.78m

$$[2.23+(0.34+0.32)+1.5]m\times2 = 4.39m\times2 = 8.78m$$

套用预算定额　2 – 1172

①人工费:23.22 元/100m 单线

②材料费:17.81 元/100m 单线

注:不包含主要材料费

【注释】　1.5 为出配电箱预留长度;共有 2 根 BLX25。

5) 二线式瓷夹板配线　　　　21.6m

$$(3+5+3+5+5+0.2\times3)m = (21+0.6)m = 21.6m$$

【注释】　相关尺寸见图;0.2 为预留长度(接线处)。

套用预算定额 2 – 1233

①人工费:364.94 元/100m 线路

②材料费:56.95 元/100m 线路

注:不包含主要材料费

6)三线式瓷夹板配线

$(3 + 3 + 3)m = 9m$

套用预算定额 2 – 1236

①人工费:392.19 元/100m 线路

②材料费:107.44 元/100m 线路

注:不包含主要材料费

7)单管日光灯安装　　　$YG2 – 1\dfrac{40}{一}S$　　6 套

套用预算定额 2 – 1382

①人工费:50.16 元/10 套

②材料费:115.44 元/10 套

注:不包含主要材料费

8)拉线开关安装　　　3 套

套用预算定额 2 – 270

①人工费:46.44 元/个

②材料费:7.73 元/个

项目编码:030412001　项目名称:普通灯具

【例2】　如图 8-2、图 8-3 是一栋 3 层二个单元的居民住宅楼的电气照明系统图,施工图和设计说明如下:

(1)本工程采用交流 50Hz,380V/220V 三相四线制电源供电,架空引入。进户线沿 2 层地板穿水煤气管暗敷至总配电箱。进户线距室外地面高度 $h \geqslant 3.6m$。进户线要求重复接地,接地电阻 $R \leqslant 10\Omega$。

(2)建筑层高 3.6m。

(3)配电箱外形尺寸(宽×高×厚)为:

MX_{1-1} 为:350mm ×400mm ×125mm

MX_{2-2} 为:500mm ×400mm ×125mm　　均购成品

(4)MX_{1-2} 配电箱需定做,内装 DT6 – 15A 型三相四线电能表 1 块,DZ12 – 60/3 型三相低压断路器 1 个,DD28 – 2A 型单相电能表 3 块,DZ12 – 60/1 型单相低压断路器 3 个。配电箱尺寸为 800mm ×400mm ×125mm。

(5)配电箱底边距地 1.5m,跷板开关距地 1.3m,距门框 0.2m,插座距地 1.8m。

(6)导线除标注外,均采用 BLX – 500V – 2.5mm² 的导线穿 DN15 的水煤气管暗敷。

【释义】　确定工程项目:根据图样资料和预算定额的规定,该工程有以下工程项目。

(一)照明器具的安装

(1)吸顶灯具的安装。

(2)其他普通灯具,包括一般壁灯、吊线灯、防水吊灯的安装。

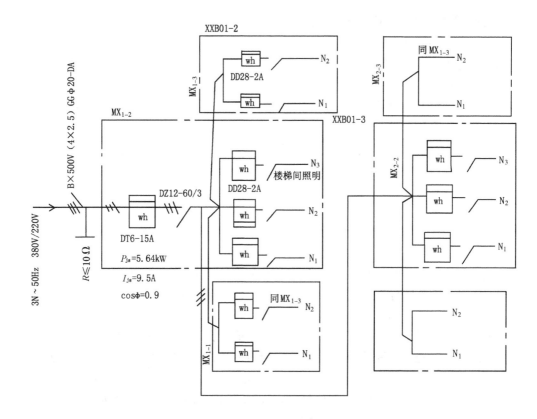

图 8-2 电气照明系统图

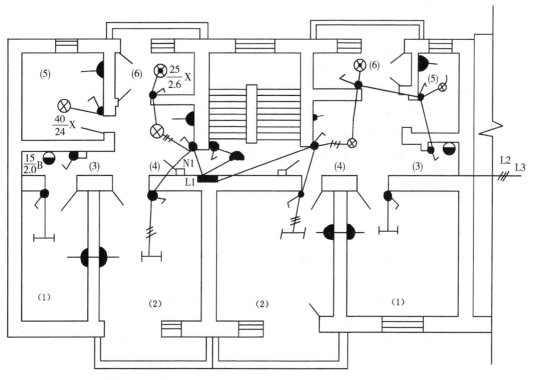

图 8-3 一单元 2 层电气照明平面图

(3)吊链式单管荧光灯(成套型)的安装。

(4)开关、插座的安装。

(二)配电箱的安装

(三)配管、配线

(1)钢管、砖、混凝土结构暗配。

(2)管内穿线。

(3)接线盒的安装。

(4)外部接线。

【解】 (1)基本工程量

1)照明器具安装工程量

①半圆球吸顶灯 从一单元2层的电气照明平面图上可以看出,每个单元每一层走廊照明灯1套,共3层,2个单元,其工程量为:1×3×2套=6套。

②软线吊灯 每个单元层为4套,因为一共6个单元层,所以工程量为:4×6套=24套。

③防水防尘灯 每层每单元有2套,因为一共6个单元层,所以工程量为:

$$2×6套=12套。$$

④一般壁灯 每层每单元有2套,因为一共6个单元层,所以工程量为:2×6套=12套。

⑤吊链式单管荧光灯 每层每单元有4套,因为一共有6个单元层,所以工程量为:

$$4×6套=24套。$$

⑥跷板开关 从图上可以看出,每层每单元有12套,因为一共有6个单元层,每个单元每层走廊1个,所以工程量为:(12×6+1×6)套=78套。

⑦单相三孔插座 每层每单元8个,因为一共有6个单元层,所以工程量为:

$$8×6个=48个。$$

2)照明配电箱安装工程量

①总配电箱 总配电箱1台,装于1单元2层的走廊内,2层分配电箱装在其中。

②分配电箱 每单元每层1台,共3层,所以第二单元的分配电箱为3台,而第一单元要去掉1单元2层的分配电箱,所以工程量为:(3+2)台=5台。

③外部接线 根据题中所给的总配电箱的内部装有三相四线电能表1块,DZ12-60/3型三相低压断路器1个,3块单相电能表,3个低压断路器,所以它一共13个头;1层和3层配电箱每个配电箱4头,4个配电箱共4×4个头=16个头,2单元2楼配电箱6个头,所以共计(13+16+6)个头=35个头。

3)配管安装工程量

①入户点至总配电箱配管(DN20),入户点至总配电箱水平距离为5m(量取计算),配电箱距楼地面高1.4m,所以配管工程量共计:(5+1.4)m=6.4m。

②一个用户内的配管工程量(DN15)

a)沿天花板暗配 管段距离依平面图按比例计算,可得:1.6m(1号房开关至灯)+1.6m(2号房开关至灯)+2.1m(1号房开关至2号房开关)+1m(2号房灯至插座)+0.5m(3号房灯至开关)+1.4m(4号房开关至2号房开关)+1m(4号开关至灯)+1m(4号房灯至6号房开关)+0.5m(4号房开关至插座)+0.9m(5号灯至开关)+1.2m(5号房开关至3号房开关)+1.3m(5号房开关插座)+0.7m(6号房开关至灯)+1.1m(6号房开关至5号房开关)=15.9m

86

1.6m(2 号房开关至灯) + 1m(4 号房开关至灯) = 2.6m

所以沿天花板暗配管每个用户共计为：

(15.9 + 2.6)m = 18.5m

b)沿墙暗配管　依建筑层高和设备安装高度计算其工程量即：[(3.6 − 1.3) × 6 + (3.6 − 1.8) × 4 + (3.6 − 2)]m = 22.6m

【注释】　3.6 为层高，1.3 为开关安装高度，1.8 为插座安装高度，2 为壁灯安装高度，开关数量为 6，插座数量为 4。

由以上两步可得一个用户内的配管工程量合计为：

(18.5 + 22.6)m = 41.1m

③一个单元走廊暗配管(DN15)

a)沿天花板暗配，依平面图按比例计算，可得：

(2 + 1.5 + 0.8 + 1) × 3m = 15.9m

【注释】　2 是配电箱至左边用户的距离，1.5 是配电箱至右边用户的距离，0.8 是配电箱至灯的距离，1 为灯至开关的距离。

b)沿墙暗配依建筑层高和设备安装高度计算其工程量，可得：

[3.6 × 3 − 1.4 − 0.4 × 3 + (3.6 − 1.3) × 3]m = 15.1m

【注释】　3.6 为建筑层高，1.4 为一楼配电箱安装高度，0.4 为配电箱高，1.3 为开关安装高度，3 为配电箱个数，3 个开关。

所以一个单元走廊暗配管的合计工程量为：

(15.9 + 15.1)m = 31m

④总配电箱至第 2 单元 2 楼配电箱之间的配管

[12 × 2 − 5 − (0.8 + 0.5)]m = 17.7m

【注释】　12 为 1 个单元的宽度，一共为 2 个单元，5 为 1 单元 2 楼配电箱至侧墙距离，0.8 和 0.5 分别为 2 个配电箱的宽度。

由以上 4 个大步骤，我们可以得出整个工程配管工程量共计：

(41.1 × 12 + 31 × 3 + 17.7 + 6.4)m = 610.3m

【注释】　41.1 为一个用户工程量，三个单元共 12 个用户，31 为 1 个单元走廊内配管，一共有三个单元，17.7 为总配电箱至第 2 单元 2 楼配电箱之间的配管，6.4 为进户点至总配电箱配管量。

4)管内穿线

①电源线进户点至总配电箱管内穿线

6.4m × 4 = 25.6m

【注释】　6.4 为配管长度，因为工程采用的是三相四线制电源供电，所以乘以 4。

进入配电箱预留长度 = 配电箱宽 + 高，即：

(0.8 + 0.4)m × 4 = 4.8m

所以合计为：(25.6 + 4.8)m = 30.4m

②一个用户内穿线工程量

[(41.1 − 2.6) × 2 + 2.6 × 3]m = 84.8m

【注释】　41.1 为一个用户内配管总长，2.6 为管内穿 3 根线管长，2 为穿线根数，2.6 为穿 3 根线管长，3 为穿线根数。

③一个单元走廊穿线工程量

$$[31 \times 2 + (0.35 + 0.4) \times 2 \times 2] \text{m} = 65 \text{m}$$

【注释】 31 为一个单元配管长度,2 为穿线根数,(0.35 + 0.4)为一个分配电箱进线预留长度,一共有 2 个分配电箱,2 根穿线。

④总配电箱至第 2 单元 2 楼配电箱间的穿线工程量为:

$$[12 \times 3 + (0.5 + 0.4) \times 3] \text{m} = 38.7 \text{m}$$

【注释】 12 为第 1 单元配电箱至第 2 单元配电箱间配管长,3 为穿线根数,(0.5 + 0.4)为第 2 单元配电箱预留长度,3 为穿线根数。

所以,整个工程管内穿线工程量合计为:

$$(30.4 + 84.8 \times 12 + 65 \times 2 + 38.7) \text{m} = 1216.7 \text{m}$$

5)接线盒的安装工程量

每户 6 个接线盒,12 个用户共有接线盒 6×12 个 $= 72$ 个

> 套用预算定额　2 - 1636
> ①人工费:19.27 元/10 套
> ②材料费:17.95 元/10 套
> 注:不包含主要材料费

6)开关盒的安装工程量

每户 6 个,每单元走廊 3 个,所以整个工程开关盒安装工程量为:$[6 \times 12 + 3 \times 2]$ 个 $= 78$ 个

> 套用预算定额　2 - 1653
> ①人工费:21.13/10 套
> ②材料费:19.65/10 套
> 注:不包含主要材料费

(2)清单工程量:

清单工程量计算见表 8-2。

表 8-2　清单工程量计算表

序号	项目编码	项目名称	项目特征描述	计量单位	工程量
1	030412001001	普通灯具	半圆球吸顶灯	套	6
2	030412001002	普通灯具	软线吊灯	套	24
3	030412001003	普通灯具	防水防尘灯	套	12
4	030412001004	普通灯具	一般壁灯	套	12
5	030412005001	荧光灯	吊链式单管荧光灯	套	24
6	030404031001	小电器	跷板开关	套	78
7	030404031002	小电器	单相三孔插座	个	48
8	030404017001	配电箱	总配电箱	台	1
9	030404017002	配电箱	分配电箱	台	5
10	030411001001	配管	入户点至总配电箱配管(DN20)	m	6.40
11	030411001002	配管	一个用户内的配管工程量(DN15)	m	41.1
12	030411001003	配管	二个单元走廊暗配管(DN15)	m	31.00
13	030411001004	配管	总配电箱至第 2 单元 2 楼配电箱之间配管	m	17.70
14	030411004001	配线	BLX - 500V - 2.5mm²	m	1216.7

（3）定额工程量

1）照明器具安装工程量

①半圆球吸顶灯 0.6(10 只),套用定额:2 - 1384

②软线吊灯 2.4(10 只),套用定额:2 - 1389

③防水防尘灯 1.2(10 只),套用定额:2 - 1391

④一般壁灯 1.2(10 只),套用定额:2 - 1393

⑤吊链式单管荧光灯 2.4(10 只),套用定额:2 - 1581

⑥跷板开关 7.8(10 个),套用定额:2 - 1636

⑦单相三孔插座 4.8(10 个),套用定额:2 - 1653

2）照明配电箱安装工程量

①总配电箱 1 台,套用定额:2 - 265

②分配电箱 5 台,套用定额:2 - 264

③外部接线 3.5(10 个),套用定额:2 - 327

3）配管安装工程量

①入户点到总配电箱配管(DN20) 0.064(100m),套用定额:2 - 1111

②一个用户内的配管工程量(DN15)

a. 沿天花板暗配 0.185(100m),套用定额:2 - 1124

b. 沿墙暗配管 0.226(100m),套用定额:2 - 1124

所以一个用户内的配管工程量 0.393(100m)

③一个单元走廊暗配管(DN15)

a. 沿天花板暗配 0.159(100m),套用定额:2 - 1131

b. 沿墙暗配 0.151(100m),套用定额:2 - 1131

④总配电箱至第 2 单元 2 楼配电箱之间的配管 0.177(100m),套用定额:2 - 1110

所以整个工程配管工程量为 5.577(100m)

4）管内穿线

①电源线进点至总配电箱管内穿线 0.256(100m)

进入配电箱预留长度 0.048(100m)

所以合计为:0.304(100m)

套用定额 2 - 1179

②一个用户内穿线工程量 0.812(100m)

套用定额 2 - 1169

③ 一个单元走廊穿线工程量 0.65(100m)

套用定额 2 - 1174

④总配电箱至第 2 单元 2 楼配电箱间的穿线工程量 0.387(100m)

套用定额 2 - 1174

所以,整个工程管内穿线工程量合计为 11.74(100m)

5）接线盒安装工程量 7.2(10 个),套用定额:2 - 1377

6）开关盒的安装工程量 7.8(10 个),套用定额:2 - 1378

项目编码:030412001 项目名称:普通灯具

【例3】 今有一新建砖混结构建筑,照明平面如图8-4所示。建筑面积100m²,层高3.4m,日光灯在吊顶上安装,白炽灯在混凝土楼板上安装。各支路管线均用阻燃管PVC-15,导线用BV-1.0mm²,插座保护接零线等均用BV-1.5mm²。试列出概算项目,统计各项工程量。

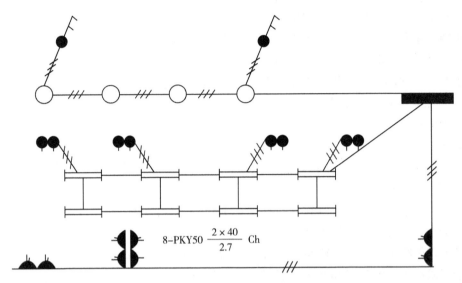

图8-4 照明平面图

【解】 (1)清单工程量

清单工程量计算见表8-3。

表8-3 清单工程量计算表

项目编码	项目名称	项目特征描述	计量单位	工程量
030412001001	普通灯具	白炽灯	套	4
030412001002	普通灯具	吊链式日光灯	套	8
030411004001	配线	照明支路管线	m	12
030411004002	配线	插座支路管线	m	4
030404019001	控制开关	双联拉线开关暗装	个	4
030404019002	控制开关	双联翘板式开关	个	4
030404017001	配电箱	照明配电箱	台	1

(2)定额工程量

工程预算表见表8-4。

表8-4 工程预算表

序号	定额编号	项目名称	计量单位	工程数量	其中:/元 人工费、材料费、机械费
1	2-1382	吸顶灯安装(白炽灯)	套	4	①人工费:50.16元/10套 ②材料费:115.4元/10套

序号	定额编号	项目名称	计量单位	工程数量	其中:/元 人工费、材料费、机械费
2	2-1390	链吊式日光灯安装	套	8	①人工费:46.90 元/10 套 ②材料费:48.43 元/10 套
3	2-1110	照明支路管线	m	12	①人工费:214.55 元/100m ②材料费:126.10 元/100m ③机械费:23.48 元/100m 注:不含主要材料费用
4	2-1255	插座支路管线	m	4	①人工费:129.57 元/100m 单线 ②材料费:49.02 元/100m 单线 注:不包含主要材料费用
5	2-1668	二三孔暗插座暗装	套	4	①人工费:21.13 元/10 套 ②材料费:6.46 元/10 套 注:不包含主要材料费用
6	2-1635	双联拉线开关暗装	套	4	①人工费:19.27 元/10 套 ②材料费:17.95 元/10 套 注:不包含主要材料费用
7	2-1638	双联翘板式开关	套	4	①人工费:20.67 元/10 套 ②材料费:4.47 元/10 套 注:不包含主要材料费用
8	2-263	照明配电箱安装	台	1	①人工费:34.83 元/台 ②材料费:31.83 元/台
9		照明配电箱	台	1	①人工费:无 ②材料费:按市场价格计取 ③机械费:无

项目编码:030412004　项目名称:装饰灯

项目编码:030404017　项目名称:配电箱

项目编码:030411004　项目名称:配线

项目编码:030411001　项目名称:配管

【例4】 图8-5所示为某房间照明系统中1回路,图例见表8-5。编制分部分项工程量清单。

说明:

1. 照明配电箱 AZM 电源由本层总配电箱引来,配电箱为嵌入式安装。

2. 管路均为镀锌钢管 $\phi20$ 沿墙、顶板暗配,顶管敷管标高 4.50m。管内穿阻燃绝缘导线 2RBVV-500　1.5mm²。

3. 开关控制装饰灯 FZS-164 为隔一控一。

4. 配管水平长度见图示上的数字,单位为 m。

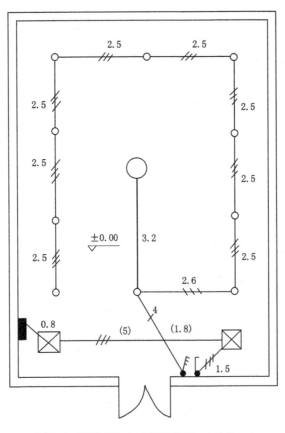

图 8-5　照明系统 1 回路示意图　（单位：m）

表 8-5　图例

序号	图　例	名称、型号、规格	备　注
1	（圆形符号）	装饰灯 XDCZ – 50 8×100W	吸顶
2	（小圆符号）	装饰灯 FZS – 164 1×100W	
3	（单联开关符号）	单联单控开关（暗装） 10A；250V	安装高度 1.4m
4	（三联开关符号）	三联单控开关（暗装） 10A；250V	
5	（方框符号）	排风扇 300×300 1×60W	吸顶
6	（矩形符号）	照明配电箱 AZM 300mm×200mm×120mm （宽×高×厚）	箱底标高 1.6m

【解】　（1）清单工程量

92

清单计算见表8-6。

表8-6 清单工程量计算表

序号	项目编码	项目名称	项目特征描述	计量单位	工程数量
1	030412004001	装饰灯	XDCZ – 50 8 × 100W	套	1
2	030412004002	装饰灯	FZS – 164 1 × 100W	套	10
3	030404017001	配电箱	AZM 300 × 200 × 120	台	1
4	030404031001	小电器	单联单控开关 10A;250V	个(套)	1
5	030404031002	小电器	三联单控开关 10A;250V	个(套)	1
6	030404031003	小电器	排风扇 300 × 300,1 × 60W	个(套)	2
7	030411004001	配线	2RBVV – 1.5mm^2	m	114.50
8	030411001001	配管	镀锌钢管 φ20	m	44.00

（2）定额工程量

1）装饰灯 XDCZ – 50 8 × 100W 1 套,套用定额:2 – 1436

2）装饰灯 FZS – 164 1 × 100W 10 套,套用定额:2 – 1436

3）配电箱 AZM 300 × 200 × 120 1 台,套用定额:2 – 264

4）单联单控开关 10A;250V 1 个,套用定额:2 – 1637

5）三联单控开关 10A;250V 1 个,套用定额:2 – 1639

6）排风扇 300 × 300,1 × 60W 2 台,套用定额:2 – 1702

7）电气配线管内穿线 2RBVV – 1.5mm^2

$[(4.5 - 1.6) × 2 + 0.8 × 2 + 5 × 3 + 1.5 × 3 + (4.5 - 1.4) × 2 + 1.8 × 4 + 3.2 × 2 + (2.6 + 2.5 + 2.5 + 2.5 + 2.5 + 2.5 + 2.5 + 2.5) × 3 + 2.5 × 3]m = (5.8 + 1.6 + 15 + 4.5 + 6.2 + 7.2 + 6.4 + 60.3 + 7.5)m = 114.5m$

【注释】 管路均为镀锌钢管 φ20 沿墙、顶板暗配,管内穿阻燃绝缘导线 2RBVV – 500 1.5mm^2。

式(4.5 – 1.6) × 2 为由配电箱到吸顶安装的排风扇的管内穿线 2RBVV – 1.5mm^2 的竖直距离的综合;其中(4.5 – 1.6)为由配电箱到吸顶安装的排风扇的竖直距离;其中 4.5 顶管敷管标高,1.6 为配电箱箱底的标高,2 为导线的数目。

式 0.8 × 2 中 0.8 为从配电箱到吸顶安装的排风扇的水平距离;2 为导线的数目。

式 5 × 3 中 5 为从左侧吸顶安装的排风扇到右侧吸顶安装的排风扇的水平距离;3 为导线的数目。

1.5 × 3 中 1.5 为从右侧吸顶安装的排风扇到暗装的单联单控开关的水平距离;3 为导线的数目。

(4.5 – 1.4) × 2 为从右侧吸顶安装的排风扇到暗装的单联单控开关以及从三联单控开关到装饰灯 FZS – 164 的竖直距离之和,其中 4.5 为顶管敷管标高,1.4 为单联单控开关的标高,2 为导线的个数,一条为从右侧吸顶安装的排风扇到暗装的单联单控开关,另一条为从三联单控开关到装饰灯 FZS – 164。

1.8 × 4 中 1.8 为从三联单控开关到装饰灯 FZS – 164 的水平距离,4 为导线的数目。

3.2×2 中 3.2 为从装饰灯 FZS – 164 到装饰灯 XDCZ – 50 的水平距离,2 为导线的数目。

$(2.6 + 2.5 + 2.5 + 2.5 + 2.5 + 2.5 + 2.5 + 2.5 + 2.5) \times 3$ 中,$(2.6 + 2.5 + 2.5 + 2.5 + 2.5 + 2.5 + 2.5 + 2.5 + 2.5)$ 为从右下端装饰灯 FZS – 164 围绕建筑物一圈到左下端装饰灯的总长度,其中尺寸见图 8-5,3 为导线的数目。

套用定额:2 – 1171

8)镀锌钢管 $\phi20$ 沿砖、混凝土结构暗配

$[(4.5 - 1.6) + 0.8 + 5 + 1.5 + (4.5 - 1.4) \times 2 + 1.8 + 2.6 + 2.5 \times 8 + 3.2]m = (2.9 + 0.8 + 6.5 + 6.2 + 4.4 + 20 + 3.2)m = 44m$

【注释】 $(4.5 - 1.6)$ 为由配电箱到吸顶安装的排风扇的竖直配管距离;

0.8 为从配电箱到吸顶安装的排风扇的水平配管距离;

5 为从左侧吸顶安装的排风扇到右侧吸顶安装的排风扇的水平配管距离;

1.5 为从右侧吸顶安装的排风扇到暗装的单联单控开关的水平配管距离;

$(4.5 - 1.4) \times 2$ 为从右侧吸顶安装的排风扇到暗装的单联单控开关以及从三联单控开关到装饰灯 FZS – 164 的竖直配管距离之和,其中 4.5 为顶管敷管标高,1.4 为单联单控开关的标高,2 为竖直配管的个数,一条为从右侧吸顶安装的排风扇到暗装的单联单控开关,另一条为从三联单控开关到装饰灯 FZS – 164;

1.8 为从三联单控开关到装饰灯 FZS – 164 的水平配管距离;

$2.6 + 2.5 \times 8 = (2.6 + 2.5 + 2.5 + 2.5 + 2.5 + 2.5 + 2.5 + 2.5 + 2.5)$ 为从右下端装饰灯 FZS – 164 围绕建筑物一圈到左下端装饰灯的总长度,其中尺寸见图 6 – 16;

3.2 为从装饰灯 FZS – 164 到装饰灯 XDCZ – 50 的水平距离。

套用定额:2 – 1009

【例5】 如图 8-6 所示为混凝土砖石结构平房,顶板距地面高度为 3.5m,室内装定型照明配电箱(XM – 7 – 3/0)1 台,普通吊灯(40W)6 盏,拉线开关 3 个,由配电箱引上为钢管明设($\phi30$),其余均为磁夹板配线用 BLX 电线,试计算工程量并列清单工程量。

【解】 1.配电箱安装

(1)配电箱安装 XM – 7 – 3/0:1 台(400mm × 350mm × 280mm)

(2)支架制作:2.2kg

2.配管配线

(1)钢管明设:$\phi30$ 2m

(2)管内穿线:BLX25 $[2 + (0.4 + 0.35)] \times 2m = 5.5m$

【注释】 2 为钢管暗配的长度,即 BLX2 × 25 在馆内敷设的长度,0.4 + 0.35 为导线与配电箱连接的预留长度,按盘面尺寸高 + 宽即 0.4 + 0.35。

(3)二线式瓷夹板配线:$(3 + 6 + 3 + 6 + 3 + 6 + 0.2 \times 3) \times 2m = 55.2m$

【注释】 3 为从拉线开关到荧光灯的距离,6 为两盏荧光灯之间的距离,0.2 为三个拉线开关距瓷板夹敷设位置之间的高度。

(4)三线式瓷夹板配线:$(3 + 3 + 3) \times 3m = 27m$

3.灯具安装

普通吊灯安装:$6 - P\dfrac{1 \times 40}{2.5}L$ 6 套

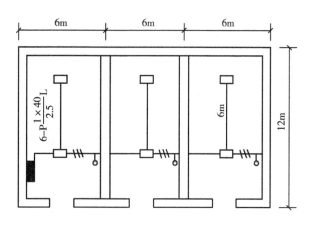

图 8-6　混凝土砖石结构平房

4. 开关安装

拉线开关安装:3 套

清单工程量计算见表 8-7。

表 8-7　清单工程量计算表

序号	项目编码	项目名称	项目特征描述	计量单位	工程量
1	030404017001	配电箱	XM－7－310,400mm × 350mm × 280mm	台	1
2	030411001001	配管	钢管 ϕ30,砖混结构明配	m	2.00
3	030411004001	配线	明设钢管内穿 BLX25,砖混结构	m	4.00
4	030411004002	配线	瓷夹板配线 BLX25,二线制砖混结构	m	55.20
5	030411004003	配线	瓷夹板配线 BLX25,三线制砖混结构	m	27.00
6	030412001001	普通灯具	普通吊灯 $6-P\dfrac{1\times40}{2.5}L$	套	6
7	030404031001	小电器	拉线开关	套	3

8.3　照明器具安装清单与定额工程量计算规则的联系与易错点

1. 联系

(1)普通吸顶灯及其他灯具

清单工程量计算规则与定额工程量计算规则相同,均应区别灯具的种类、型号、规格以"套"为计量单位计算。

(2)荧光灯

清单工程量计算规则与定额工程量计算规则均按设计图示数量以"套"为单位计算。

(3)一般路灯

清单工程量计算规则与定额工程量计算规则均按设计图示数量计算,单位为"套"。

(4)装饰灯

清单工程量计算规则与定额工程量计算规则按设计图示数量计算,单位为"套"。

2. 易错点

(1) 荧光灯具安装定额适用范围见表8-8。

表8-8 荧光灯具安装定额适用范围

定额名称	灯 具 种 类
组装型荧光灯	单管、双管、三管吊链式、现场组装独立荧光灯
成套型荧光灯	单管、双管、三管、吊链式、吊管式、吸顶式、成套独立荧光灯

(2) 工厂灯

清单工程量计算规则：按设计图示数量计算。

定额工程量计算规则：工厂其他灯具安装的工程量,应区别不同灯具类型、安装形式、安装高度,以"套"、"个"、"延长米"为计量单位计算。

(3) 医疗专用灯包括:病房指示灯、病房暗脚灯、紫外线杀菌灯、无影灯等。

(4) 装饰灯包括:吊式艺术装饰灯、吸顶式艺术装饰灯、荧光艺术装饰灯、几何型组合艺术装饰灯、标示灯、诱导装饰灯、水下艺术装饰灯、病房暗脚灯、紫外线杀菌灯、无影灯等。